酷科学 解读生命密码
KU KEXUE JIEDU SHENGMING MIMA

生命来自何处

王　建◎主编

时代出版传媒股份有限公司
安徽美术出版社
全国百佳图书出版单位

图书在版编目（CIP）数据

生命来自何处/王建主编. —合肥：安徽美术出版社，2013. 1（2021.11 重印）（酷科学. 解读生命密码）
ISBN 978 - 7 - 5398 - 3573 - 0

Ⅰ. ①生… Ⅱ. ①王… Ⅲ. ①生命起源 - 青年读物 ②生命起源 - 少年读物 Ⅳ. ①Q10 - 49

中国版本图书馆 CIP 数据核字（2013）第 044358 号

酷科学 · 解读生命密码

生命来自何处

王建 主编

出 版 人：王训海
责任编辑：张婷婷
责任校对：倪雯莹
封面设计：三棵树设计工作组
版式设计：李　超
责任印制：缪振光
出版发行：时代出版传媒股份有限公司
安徽美术出版社（http://www.ahmscbs.com）
地　　址：合肥市政务文化新区翡翠路 1118 号出版传媒广场 14 层
邮　　编：230071
销售热线：0551-63533604 0551-63533690
印　　制：河北省三河市人民印务有限公司
开　　本：787mm × 1092mm　1/16　印　张：14
版　　次：2013 年 4 月第 1 版　2021 年 11 月第 3 次印刷
书　　号：ISBN 978 - 7 - 5398 - 3573 - 0
定　　价：42.00 元

前言 PREFACE

生命来自何处

生命来自何处？自生命诞生之日起，已走过45亿年的漫漫历程。45亿年的坎坷，45亿年的坚韧，才孕育出今天世界的绚丽多彩、别样有神！生命又将何往？环顾芸芸众生，我们惊叹生命的伟大，惊奇生机的勃发；评点漫漫过程，我们惊异演化的多变，惊喜品种的繁盛。

万古以来，生命没有停止对世界的探索，也没有停止对自身行为的思考，而种种思想就像一张张寻找宝藏的地图那样指引着人类前进的步伐，这种种思想又像一条条道路，它不但为艰难行走的人提供了方向，也提供了一个源头，每一条道路的源头便是一个生命起源的传说。

生命是一种我们皆共享的遗产，其本质昭示了我们的本质，其历史就是我们的历史，其意义对我们所有人至关重要。生命的未来对全人类皆为一种责任，这种责任由于我们所获得的新知和前所未有的新力量而更加紧迫。最近50年中，我们对这些问题的觉悟急剧强化，我们应对这些问题的能力也在迅速提高。

但生命将走向何处，未来将如何进化？请和我一起，带着探索的疑问，怀着求知的激情，一起去经历生命的起源与演化，一起去勾勒未来生命的轮廓吧……

CONTENTS 目录

生命来自何处

生命的基本单位——细胞

植物的诞生

动物的诞生

动物的进化

人类的诞生

生命来自何处

生命的基本单位——细胞

细胞是生命的基本单位，除病毒外的生物都是由细胞构成的，细胞是新陈代谢最基本的结构和功能单位。

生物体的各项生命活动及生命的生理、行为特点都是建立在细胞这一特殊结构基础之上的。细胞像生物体一样，也要经历出生、生长、成熟、繁殖、衰老、死亡的过程。本章沿着细胞的生命历程这条主线，重点分析细胞膜的结构和特性，体会细胞这一有机整体在结构及功能上的联系性。

细胞的出现

◎细胞出现的条件

地球具备什么样的自然条件，才能使地球物质从无机向有机转变呢？我们已知它是通过生物这个手段来实现的。所组成细胞生物的基础单位是单细胞结构，那么，地球具备什么样的自然条件才能使单细胞出现呢？

细胞出现的天然条件应具备如下16个基本要素：

（1）太阳能量。太阳是一颗具有高度集中的高纯度碳化物在燃烧的火球，其燃烧过程也就是向地球不断输送能量和无机物质的过程。太阳能量使地球上的液态水、生物以及地表的所有物质都能保持适当的温度，以保证地球表面生态系统的平衡性和稳定性。太阳能量所散发出来的光和热，还能起到对物质产生一系列的物理化学反应作用。

知识小链接

热　能

热能又称热量、能量等，它是生命的能源。人每天的劳务活动、体育运动、上课学习等，以及人体维持正常体温、各种生理活动都要消耗能量，就像蒸汽机需要烧煤、内燃机需要用汽油、电动机需要用电一样。

（2）适中的距离。地球距离太阳不远不近，既能避免受太阳高温的影响，又能吸收足够的适宜生命生长的太阳光能，还能保持着适合生物生存的空气压力。同时，地球处于太阳燃烧中所产生的热能温差区域为零下几十至一百摄氏度的适中位置上，并在大气层的作用下，使地球表面大部分水呈稳定的液态，能为生命的诞生打下坚实的生态基础。

（3）二氧化碳。地球由于与太阳的距离适中，各种自然物质所含有的二氧化碳也适中，正好符合单细胞出现时（自养属性）作为天然食物（光合作用）的要求，为单细胞的出现和成长提供天然的食物来源。

（4）液态水。地表面积液态水占70%左右，非常稳定，能为生物的出现提供天然的生存场所，能保持地面气温的稳定性，能为单细胞诞生提供光合作用的自然条件，并在太阳能的作用下使部分水呈气态，形成大气中具有氧、氢、氮以及二氧化碳等有利于生物生长的化学物质元素，为生物的出现提供天然的生存要素。

（5）大气层能保护二氧化碳的适中数量，保护太阳能免遭流失，保护地球地表。同时，大气层能保护水圈的循环，保护温度的差距，保护液态水的稳定性，保护氧、氢、氮的适当比例，保护空气的质量。即能为生物的出现提供天然的生存环境和生存因素。

（6）恒温带。在太阳能量、海洋和大气层的作用下，围绕地球赤道附近从地面到天空中出现一条庞大的温度相对稳定的生命恒温带。生命恒温带一般来说是在5℃～35℃，这是生命出现和生存最为活跃的温度地带。

（7）公转。地球公转的方向自西向东，公转一周为1年。由于地球公转，才有了四季交替。

基本小知识

空气对流

空气对流是由于空气受热不均，受热的空气膨胀上升，受冷的空气下沉而形成的。

（8）自转。地球自转的方向同公转的方向一样，自转一周为1天，会产

生昼夜交替的变化，有利于地表热能的平衡。

地球上的水

（9）南北两极。地球上的南北两极与赤道地域出现的温差形成了空气对流，地球在自转和公转中也会出现温差，也会形成空气对流和引力——风能和引力会使地表液态水翻起波浪和流动，为单细胞（生命）的诞生创造了自然条件。

（10）海洋、河、湖。能吸收大量的太阳能量，保证地球表面有相对稳定的气候环境，并为生命提供足够的水分来源，为水生生物提供天然的生存场所。

（11）陆地。能吸收大量的太阳能量，保证空气的质量，为陆生生物提供天然的生存场所。

（12）地心吸力。能使地球保持一个稳定的生态环境，保护大气层的稳定性，使所有生命都能在地面上进行运动和生存。没有地心吸力，地球也不会成长壮大，所有生物的生存因素都将成为泡影。

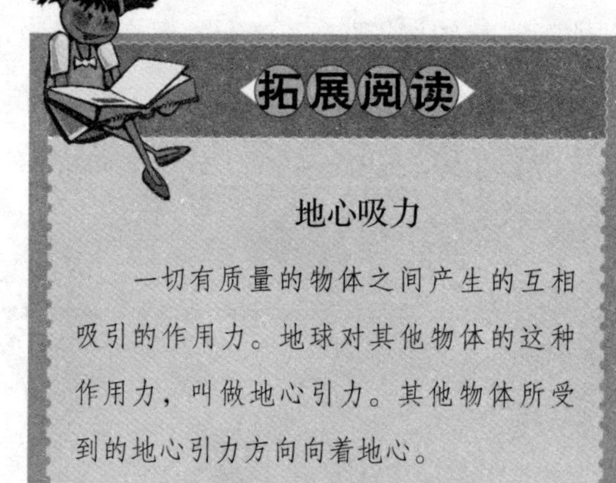

拓展阅读

地心吸力

一切有质量的物体之间产生的互相吸引的作用力。地球对其他物体的这种作用力，叫做地心引力。其他物体所受到的地心引力方向向着地心。

（13）雨和雪。是陆生生物水的补充来源，是调节地表良性气候变化的主要途径，也是运输有机碳化物的主要动力来源。

(14) 雾。是陆生生物水的补充来源，是调节地表良性气候变化的补充途径。

(15) 氧气。空气和水中含有适中的氧气，可以帮助陆生生物和水生生物完成呼吸与交换作用。

(16) 月亮。能对地球围绕太阳轨道运行起到平衡和保护作用。月亮围绕地球公转一周为 1 个月。同时，也能为陆生和水生生物中的夜生动物提供间接的光能来源，使其能在夜间生存活动自如。

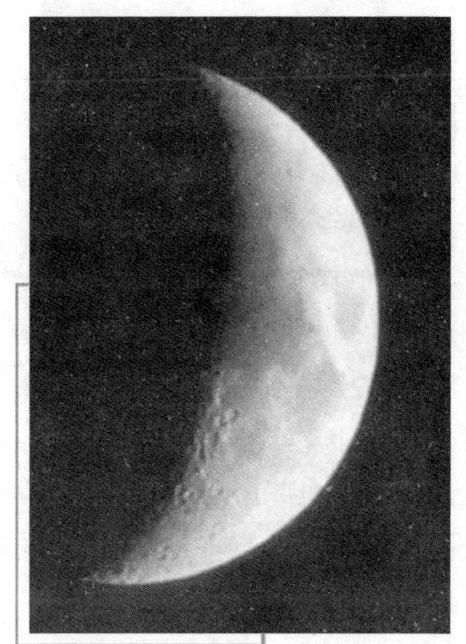

月　亮

以上 16 个基本因素共同为地球构建了一个呈良性的能适宜生命出现和生存的生态系统，这个生态系统在地球上何时形成，地球就何时会有生命的诞生。根据科学家推测，地球生命最早出现大约在 40 亿年前。应当说，40 亿年前地球的质量应该是很小的，那时地球上所形成的生态系统处于萌芽状态，还不成熟，对生命体而言环境是极为恶劣的，它们的寿命应该很短暂，而且体积是非常小的。

◎ 单细胞的形成

我们已知地球上无机物质主要含有二氧化碳、水和氮等。

在地球自然形成的具备生命出现的天然条件下，由于地球的自转和公转，地球表面出现了温差而产生了风和引力。在风和引力的作用下，液态水翻起波浪并进行水流运动，且不停地冲击地球物质——尘粒。在太阳能量的作用

染色体

染色体是细胞内具有遗传性质的物体，易被碱性染料染成深色，所以叫染色体（染色质）。其本质是脱氧核甘酸，是细胞核内由核蛋白组成、能用碱性染料染色、有结构的线状体，是遗传物质基因的载体。

下，尘粒物质（二氧化碳、氮）和液态水出现物理、化学反应，在一定时间的化合作用下，无机的尘粒物质发生变化，向有机物质转变，从而形成一个有感觉的微小生命体。这些生命体统称为单细胞。单细胞形成之初是非常微小的，人类眼睛是无法看见的。由此可见，单细胞本质是太阳燃烧释放出来的二氧化碳、氮和水（液态）通过物理、化学反应所形成的。单细胞除天生有感觉外，还具有染色体和线粒体，为今后逐步进化打下遗传、复制和记忆的物质基础。同时，它还具有自养和异养两种功能。二氧化碳、液态水和氮为其提供天然的生存要素。由此可以得出一条定律：自然界只要有稳定的液态水形成，就会有生命的持续诞生。相关科学家从湖泊、海洋中提取液态水样本时发现有数之不尽的单细胞和初级的多细胞生命存生。

综上所述，单细胞是由二氧化碳、氮和液态水三者化学反应所形成的有机化合物。在形成单细胞的过程中，水化和氧化起到重要的作用。因而，单细胞离不开液态水和适量氧气作为其今后繁衍的支撑要素。单细胞也称为有机分子，具有感觉、遗传、自养和异养四重属性，而且靠此四重属性而不断繁衍和进化。单细胞出现后，能不间断地为地球输送新生命的来源。正因为地球上有了生命的诞生，太阳系才会实现从无机物质向有机物质转变。生命进化得越高级，生产和制造碳化物的能力就越强。

细胞的基本构造

把鸡蛋打在盘子里，可以看到蛋白和蛋黄。蛋黄含有大量的蛋白质、脂肪、矿物质和维生素，这一切都是给蛋黄中那微带白色的“小斑点”提供的养料。这个小白点由细胞核与原生质组成，是鸡的胚胎。蛋白主要由蛋白质组成，以保护这精细的生命部分。

拓展阅读

胚 胎

胚胎是针对有性生殖而言的，是指雄性生殖细胞和雌性生殖细胞结合成为合子，经过多次细胞分裂和细胞分化后形成的有发育成生物成体的能力的雏体。一般来说，卵子在受精后的2周内称孕卵或受精卵，受精后的第3～8周称为胚胎。

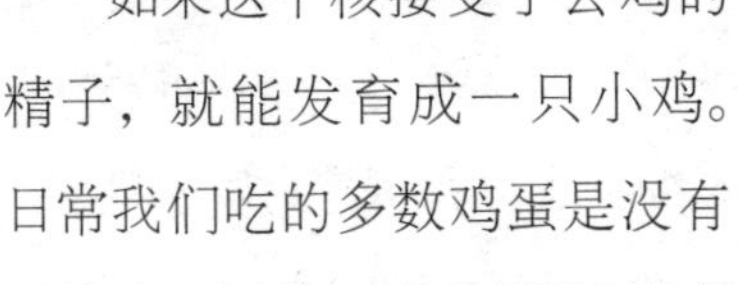

如果这个核接受了公鸡的精子，就能发育成一只小鸡。日常我们吃的多数鸡蛋是没有受精的。因此，鸡蛋实际上是具有一个核和原生质的巨型细胞。

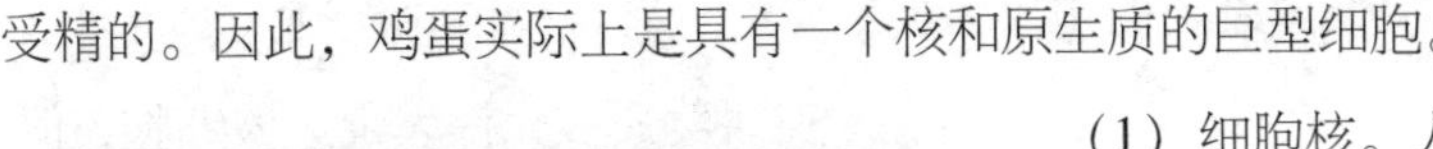

(1) 细胞核。人就是从一个受精卵发育而成的。当母亲体内的一个卵细胞接受了父亲的精细胞，受精之后，这个受精卵就开始一次又一次地分裂，使原先是一个细胞的受精卵变成了数十亿个细胞，直到组成你现在的身体。每次分裂，核内的染色体都均等地进入所产生的两个子细胞内。

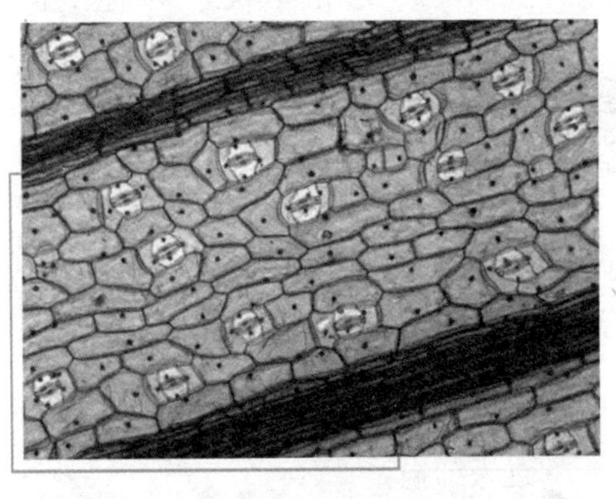

细 胞

细胞核还有另一个很重要的作用，它掌管着细胞的生命。如果将细胞核从细胞中移走，细胞便立刻死亡。

(2) 细胞质。通常是指细胞核以外的一切活物质（不包括膜）。它们的物理、化学结构根据不同的细胞类型而异。神经细胞的细胞质产生和传递神经的信息，肌肉细胞的细胞质则具有很大的收缩能力。在不同的细胞里，细胞质导致这些细胞具有各种不同的结构和化学活动。细胞核能产生化学物质进入细胞质，并使细胞质去执行它的特殊任务。

拓展思考

细胞膜

细胞膜又称细胞质膜，是细胞表面的一层薄膜。有时称为细胞外膜或原生质膜。细胞膜的化学组成基本相同，主要由脂类、蛋白质和糖类组成。各成分含量分别约为 50%、42%、2% ~8%。此外，细胞膜中还含有少量水分、无机盐与金属离子等。

(3) 细胞膜。每个细胞都被膜所覆盖，使细胞内含物聚集在一起，并控制细胞水分和可溶物质的进入。活的动植物细胞膜很像设防的边界，与外界进行有选择的物质交换。有时候某种物质被允许大量进入细胞，但在另一个时刻，却又容许极小量或根本不允许某些物质进入细胞。

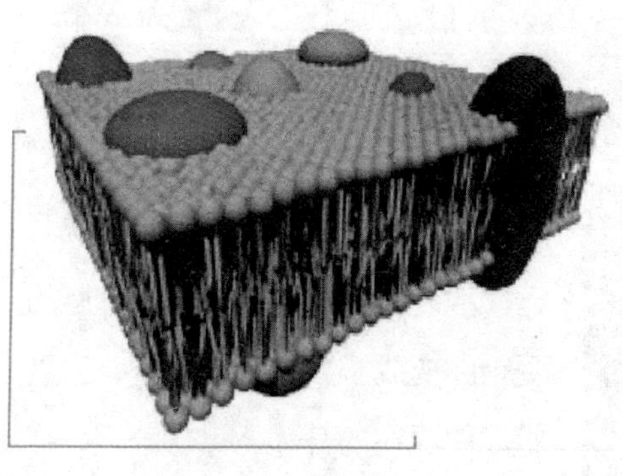

细胞膜

(4) 细胞壁。植物细胞的细胞膜外面有很硬的纤维素。这种纤维素壁对于植物（如树）起着加固和支撑作用，但它不能控制可溶物质进入细胞。

(5) 细胞的大小。大多数细胞

细胞壁

都只能在显微镜下看到。虽然有些神经细胞长达1微米多，但还是要用显微镜来观察，因为它的宽度是十分小的。在一个鸡蛋里，细胞的有生命部分仅仅是细胞膜和在卵黄表面的小斑点。在这个小斑点里包含着细胞质、核和染色体。细胞膜包围了这些部分和卵黄。一个鸡蛋要比大象的卵细胞大许多倍（当然象是不会生蛋的，但是所有的高等动物，包括象和人都是从一个受精卵发育而成的）。所有的鸟都有较大的卵，这是由于它们都是卵生，幼体都是在鸟体外发育。因此，在卵内必须有地方为小鸟贮藏大量食物，而且要有足够的空间让小鸟在壳内发育和生长。

一般来说，卵细胞是最大的生物细胞，例如人类的卵细胞大约像一个小逗点那么大，不用放大镜也能看得见。如果你计算一下一个动物身体里的细胞，再计算一下这些细胞的平均大小，你会怎么想呢？谁的细胞大？是大象的细胞大还是猫的细胞大呢？另一方面，在不同的动物身上，相似的细胞大小是否相同呢？如果是的话，就意味着象的细胞比猫大是因为有更多的细胞，或者象和猫都有相同数目的细胞，只是象的细胞要比猫的细胞大得多！是吗？那么幼体动物身上和成体动物身上，相同种类细胞的大小有无差异呢？只要用一台显微镜

卵　黄

卵黄是动物卵内贮存的一种营养物质。它是专供卵生和卵胎生动物胚胎发育过程中所需的营养物质。依卵内卵黄含量和分布的不同，可将卵分为少黄卵、多黄卵、均黄卵、端黄卵和中黄卵5种类型。

和各种动物组织的制片，就能很容易找到这些问题的答案了。就现在所知，某些单个细胞能变得非常复杂，并能完成如多细胞动物对生命活动所要求的各种功能。

原核生物——细菌

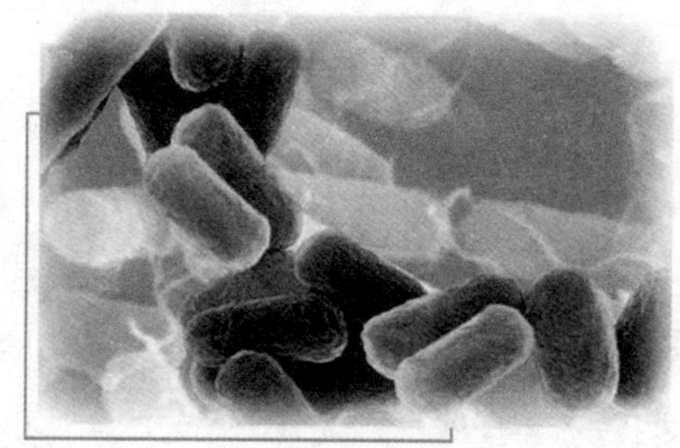
细　菌

太阳在燃烧中会产生对细胞生物生长有妨碍的化学物质（以下统称为有毒物质），这些有毒的物质会随着尘粒转移到太空中去。尘粒中带有毒性的化学物质不断发展壮大，积聚到一定的质量，并在相互引力的作用下，尘粒会产生冲击和碰撞的现象。当出现了火花时，也会产生有毒物质，这些有毒化学物质与尘粒紧密相依，相互依存。在行星体不断发展壮大的过程中，尘粒天然地存在着对生命体有害的毒性元素。然而，地球上的尘粒在水流和波浪的冲击下会产生化合作用，在尘粒物质发生质的变化的同时，有毒元素也随着尘粒的变化而变化。当尘粒转变成为微小的有感觉的碳水化合物生命个体（有机分子）时，有毒物质元素同时也以形成更为微小的化合物个体而存在于这个有感觉的个体之中，即存在于单细胞之中。它是

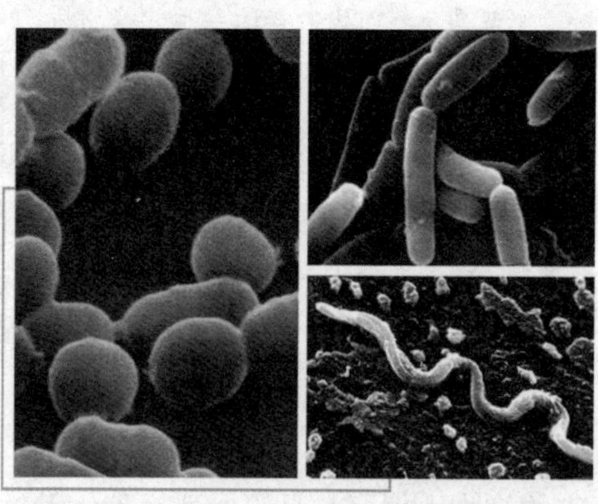
各种细菌

作为一种比单细胞还要微小的单个孢子状生命形态而独立地依附在细胞之中而生存的，它不是由单细胞结构所组成的生命形态。这种能在细胞中独立生存的孢子状微小生命体，是一种原核生物。原核生物统称为细菌。

◎ 研究历史

细菌这个名词最初由德国科学家埃伦伯格（1795—1876 年）在 1828 年提出，用来指代某种细菌。

1866 年，德国动物学家海克尔（1834—1919 年）建议使用“原生生物”，包括所有单细胞生物（细菌、藻类、真菌和原生动物）。

1878 年，法国外科医生塞迪悦（1804—1883 年）提出用“微生物”来描述细菌细胞或者更普遍地用来指微小生物体。

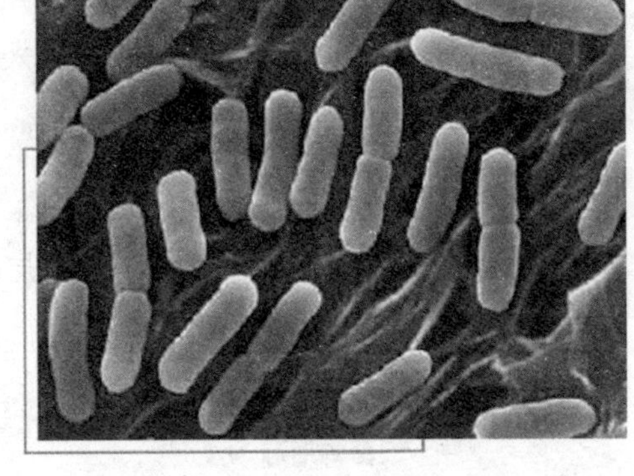

病 毒

细菌是单细胞微生物，用肉眼无法看见，需要用显微镜来观察。1683 年，列文虎克（1632—1723 年）最先使用自己设计的单透镜显微镜观察到了细菌，大概放大 200 倍。巴斯德（1822—1895 年）和科赫（1843—1910 年）指出细菌可导致疾病。

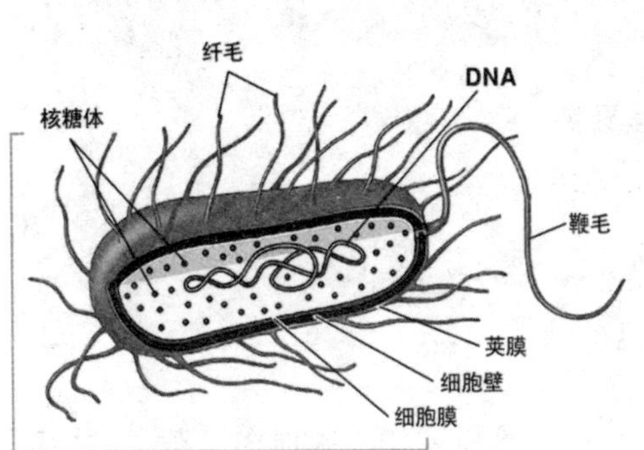

细菌结构

◎ 形态结构

杆菌、球菌、螺旋菌、弧菌的形态各不相同，但主要都是由以下

结构组成。

细胞壁

细胞壁厚度因细菌不同而异，一般为 15～30 纳米。细胞壁主要成分是肽聚糖，肽聚糖中的多糖链在各物种中都一样，而横向短肽链却有种间差异。革兰阳性菌细胞壁厚 20～80 纳米，有 15～50 层肽聚糖片层，每层厚 1 纳米，含 20%～40% 的磷壁酸（teichoic-acid），有的还具有少量蛋白质。革兰阴性菌细胞壁厚约 10 纳米，仅 2～3 层肽聚糖，其他成分较为复杂，由外向内依次为脂多糖、细菌外膜和脂蛋白。此外，外膜与细胞之间还有间隙。

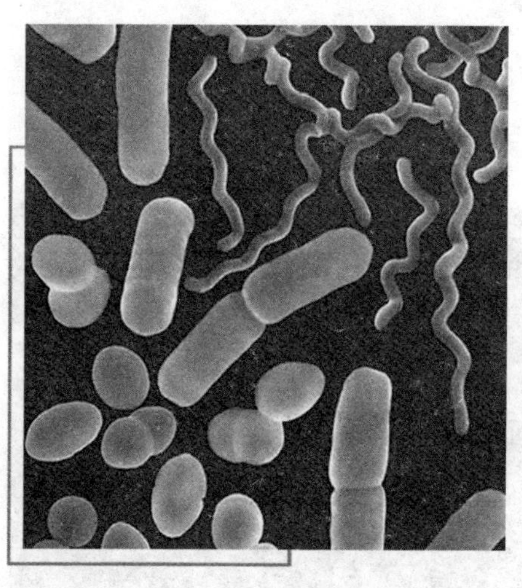

细菌的形态

肽聚糖是革兰阳性菌细胞壁的主要成分，凡能破坏肽聚糖结构或抑制其合成的物质，都有抑菌或杀菌作用。

知识小链接

肽聚糖

肽聚糖是存在于原核生物细胞壁的大分子聚合物，由乙酰氨基葡萄糖、乙酰胞壁酸与四五个氨基酸短肽聚合而成的多层网状大分子结构。

细胞壁的功能包括：保持细胞外形；抑制机械和渗透损伤（革兰阳性菌的细胞壁能耐受 20 千克/平方厘米的压力）；介导细胞间相互作用（侵入宿主）；防止大分子入侵；协助细胞运动和分裂。

脱壁的细胞称为细菌原生质体或球状体（因脱壁不完全），脱壁后的细菌原生质体生存和活动能力大大降低。

细胞膜

细胞膜是典型的单位膜结构，厚 8～10 纳米，外侧紧贴细胞壁，某些革兰阴性菌还具有细胞外膜。通常不形成内膜系统，除核糖体外，没有其他类似真核细胞的细胞器，呼吸和光合作用的电子传递链位于细胞膜上。某些行光合作用的原核生物（蓝细菌和紫细菌），质膜内褶形成结合有色素的内膜，与捕光反应有关。某些革兰阳性细菌质膜内褶形成小管状结构，称为中膜体或间体。中膜体扩大了细胞膜的表面积，提高了代谢效率，有拟线粒体之称，此外还可能与 DNA 的复制有关。

细胞质与核质体

细菌和其他原核生物一样，没有核膜，DNA 集中在细胞质中的低电子密度区，称核区或核质体。细菌一般具有 1～4 个核质体，多的可达 20 余个。核质体是环状的双链 DNA 分子，所含的遗传信息量可编码 2 000～3 000 种蛋白质，空间构建十分精简，没有内含子。由于没有核膜，因此 DNA 的复制、RNA 的转录与蛋白质的合成可同时进行，而不像真核细胞那样这些生化反应在时间和空间上是严格分隔开来的。

每个细菌细胞含 5 000～50 000 个核糖体，部分附着在细胞膜内侧，大部分游离于细胞质中。

细菌核区 DNA 以外的，可进行自主复制的遗传因子，称为质粒。质粒是裸露的环状双链 DNA 分子，所含遗传信息量为 2～200 个基因，能进行自我复制，有时能整合到核 DNA 中去。质粒 DNA 在遗传工程研究中很重要，常用作基因重组与基因转移的载体。

胞质颗粒是细胞质中的颗粒，起暂时贮存营养物质的作用，包括多糖、

脂类、多磷酸盐等。

其他结构

许多细菌的最外表还覆盖着一层多糖类物质，边界明显的称为荚膜，如肺炎球菌；边界不明显的称为黏液层，如葡萄球菌。荚膜对细菌的生存具有重要意义，细菌不仅可利用荚膜抵御不良环境，保护自身不受白细胞吞噬，而且能有选择地黏附到特定细胞的表面上，表现出对靶细胞的专一攻击能力。例如，伤寒沙门杆菌能专一性地侵犯肠道淋巴组织。细菌荚膜的纤丝还能把细菌分泌的消化酶贮存起来，以备攻击靶细胞之用。

荚　膜

荚膜是某些细菌在细胞壁外包围的一层黏液性物质，一般由糖和多肽组成。

鞭　毛

在某些细菌菌体上具有细长而弯曲的丝状物，称为鞭毛，是细菌的运动器官。鞭毛的长度常超过菌体若干倍。少则1~2根，多则可达数百根。

鞭毛是某些细菌的运动器官，由一种称为鞭毛蛋白的弹性蛋白构成，结构上不同于真核生物的鞭毛。细菌可以通过调整鞭毛旋转的方向（顺时针和逆时针）来改变运动状态。

菌毛是在某些细菌表面存在的一种比鞭毛更细、更短而直硬的丝状物，须用电子显微镜观察。特点是细、短、直、硬、多，菌毛与细菌运动无关。根据形态、结构和功能，可分为普通菌毛和性菌毛两类。前者与细菌吸附和侵染宿主有关，后者为中空管子，与传递遗传物质有关。

◎种　类

细菌可以按照不同的方式分类，大部分细菌分如下三类：杆菌是棒状，球菌是球形（例如链球菌或葡萄球菌），螺旋菌是螺旋形。另一类，弧菌是逗号形。

细菌的结构十分简单，原核生物没有膜结构的细胞器，例如线粒体和叶绿体，但是有细胞壁。根据细胞壁的组成成分，细菌分为革兰阳性菌和革兰阴性菌。“革兰”来源于丹麦细菌学家革兰，他发明了革兰染色。

有些细菌细胞壁外有多糖形成的荚膜，形成了一层遮盖物或包膜。荚膜可以帮助细菌在干旱季节处于休眠状态，并能储存食物和处理废物。

细菌分类的变化根本上反应了发展史思想的变化，许多种类甚至经常改变或改名。随着基因测序和基因组学、生物信息学和计算生物学的发展，细菌学被放到了一个合适的位置。

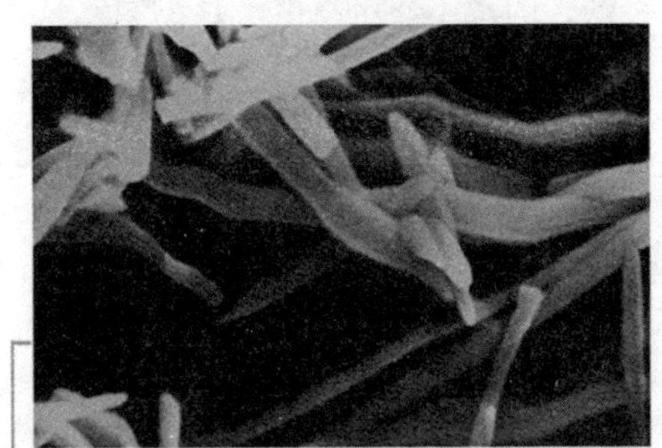

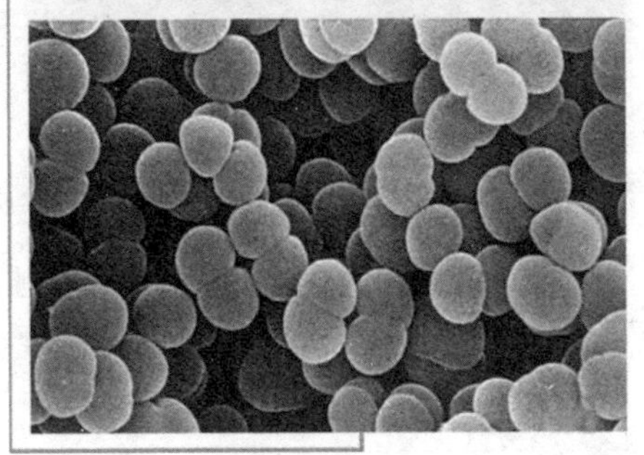

古细菌

最初除了蓝细菌外（它完全没有被归为细菌，而是归为蓝绿藻），其他细菌被认为是一类真菌。随着它们的特殊的原核细胞结构被发现，这明显不同于其他生物（它们都是真核生物），导致细菌归为一个单独的种类，在不同时期被称为原核生物、细菌、原核生物界。一般认为真核生物来源于原核生物。

通过研究 RNA 序列，美国微生物学家伍兹于 1976 年提出，原核生物包含两个大的类群。他将其称为真细菌和古细菌，后来被改名为细菌和古菌。

伍兹指出，这两类细菌与真核细胞是由一个原始的生物分别起源的不同的种类。

古细菌

古细菌（又可叫做古生菌或者古菌）是一类很特殊的细菌，多生活在极端的生态环境中。具有原核生物的某些特征，如无核膜及内膜系统；也有真核生物的特征，如以甲硫氨酸起始蛋白质的合成、核糖体对氯霉素不敏感、RNA 聚合酶和真核细胞相似、DNA 具有内含子并结合组蛋白；此外还具有既不同于原核细胞也不同于真核细胞的特征，如：细胞膜中的脂类是不可皂化的；细胞壁不含肽聚糖，有的以蛋白质为主，有的含杂多糖，有的类似于肽聚糖，但都不含胞壁酸、D 型氨基酸和二氨基庚二酸。

◎繁　殖

细菌可以以无性或者遗传重组两种方式繁殖，最主要的是以二分裂法这种无性繁殖的方式：一个细菌细胞细胞壁横向分裂，形成两个子代细胞。单个细胞也会通过如下几种方式发生遗传变异：突变（细胞自身的遗传密码发生随机改变）、转化（无修饰的 DNA 从一个细菌转移到溶液中另一个细菌中）、转染（病毒或细菌的 DNA，或者两者的 DNA，通过噬菌体转移到另一个细菌中）、

拓展思考

质　粒

质粒是细菌染色体外的遗传物质，为环形闭合的双股 DNA，存在于细胞质中。质粒编码非细菌生命所必需的某些生物学性状，如性菌毛、细菌素、毒素和耐药性等。质粒具有可自主复制、传给子代、也可丢失及在细菌之间转移等特性，与细菌的遗传变异有关。

细菌接合（一个细菌的 DNA 通过两细菌间形成的特殊的蛋白质结构，接合菌毛，转移到另一个细菌）。细菌可以通过这些方式获得 DNA，然后进行分裂，将重组的基因组传给后代。许多细菌都含有包含染色体外 DNA 的质粒。

基本小知识

休眠体

休眠体是在一定条件下往往是环境条件不利时营养生长停止，而形成具有再生能力的休眠结构，如厚垣孢子、菌核等。

处于有利环境中时，细菌可以形成肉眼可见的集合体，例如菌簇。

细菌以二分裂的方式繁殖，某些细菌处于不利的环境，或耗尽营养时，形成内生孢子，又称芽孢，是对不良环境有强抵抗力的休眠体。由于芽孢在细菌细胞内形成，故常称为内生孢子。

芽孢的生命力非常顽强，有些湖底沉积土中的芽孢杆菌经 500～1 000 年后仍有活力。肉毒梭菌的芽孢在 pH7.0 时能耐受 100℃ 煮沸 5～9.5 小时。芽孢由内及外由以下几部分组成：

（1）芽孢原生质：含浓缩的原生质。

（2）内膜：由原来繁殖型细菌的细胞膜形成，包围芽孢原生质。

（3）芽孢壁：由繁殖型细菌的肽聚糖组成，包围内膜。发芽后成为细菌的细胞壁。

（4）皮质：是芽孢包膜中最厚的一层，由肽聚糖组成，但结构不同于细胞壁的肽聚糖。

（5）外膜：也是由细菌细胞膜形成的。

（6）外壳：芽孢壳，质地坚韧致密，由类角蛋白组成，含有大量二硫键，具疏水性特征。

（7）外壁：芽孢外衣，是芽孢的最外层，由脂蛋白及碳水化合物（糖

类）组成，结构疏松。

◎代　谢

细菌具有许多不同的代谢方式。一些细菌只需要二氧化碳作为它们的碳源，被称作自养生物。那些通过光合作用从光中获取能量的，称为光合自养生物。那些依靠氧化化合物获取能量的，称为化能自养生物。另外一些细菌依靠有机物形式的碳作为碳源，称为异养生物。

光合自养菌包括蓝细菌，它是已知的最古老的生物，可能在制造地球大气的氧气中起了重要作用。其他的光合细菌进行一些不制造氧气的过程，包括绿硫细菌、绿非硫细菌、紫硫细菌、紫非硫细菌和太阳杆菌。

拓展阅读

光合细菌

光合细菌是地球上出现最早、自然界中普遍存在、具有原始光能合成体系的原核生物，是在厌氧条件下进行不放氧光合作用的细菌的总称，是一类没有形成芽孢能力的革兰阴性菌，是一类以光作为能源、能在厌氧光照或好氧黑暗条件下利用自然界中的有机物、硫化物、氨等作为供氢体兼碳源进行光合作用的微生物。

细菌正常生长所需要的营养物质包括氮、硫、磷、维生素和金属元素，例如钠、钾、钙、镁、铁、锌和钴。

根据它们对氧气的反应，大部分细菌可以被分为以下三类：一些只能在氧气存在的情况下生长，称为需氧菌；另一些只能在没有氧气存在的情况下生长，称为厌氧菌；还有一些无论有氧无氧都能生长，称为兼性厌氧菌。细菌也能在人类认为是极端的环境中旺盛地生长，这类生物被称为极端微生物。一些细菌存在于温泉中，被称为嗜热细菌；另一些居住在高盐湖中，称为喜盐微生物；还有一些存在于酸性或碱性环境中，被称为嗜酸细菌和嗜碱细菌；另有一些存在于冰川中，被称为嗜冷细菌。

◎运　动

运动型细菌可以依靠鞭毛滑行或改变浮力来四处移动。另一类细菌，螺旋体具有一些类似鞭毛的结构，称为轴丝，连接周质的两细胞膜。当它们移动时，身体呈现扭曲的螺旋型。螺旋菌则不具轴丝，但其具有鞭毛。

细菌鞭毛以不同方式排布。细菌一端可以有单独的极鞭毛，或者一丛鞭毛。周毛菌表面具有分散的鞭毛。

运动型细菌可以被特定刺激吸引或驱逐，这个行为称做趋性。例如，趋化性、趋光性、趋机械性。在一种特殊的细菌——黏细菌中，个体细菌互相吸引，聚集成团，形成子实体。

◎用途与危害

细菌对环境、人类和动物既有用处又有危害。一些细菌成为病原体，导致了破伤风、伤寒、肺炎、梅毒、霍乱和肺结核。在植物中，细菌导致叶斑病、火疫病和萎蔫。感染方式包括接触、空气传播、食物、水和带菌微生物。病原体可以用抗生素处理，抗生素分为杀菌型和抑菌型。

知识小链接

抗生素

抗生素是由微生物（包括细菌、真菌、放线菌属）或高等动植物在生活过程中所产生的具有抗病原体或其他活性的一类次级代谢产物，能干扰其他生活细胞发育功能的化学物质。现临床常用的抗生素有微生物培养液中提取物以及用化学方法合成或半合成的化合物。

细菌通常与酵母菌及其他种类的真菌一起用于发酵食物，例如在醋的传统制造过程中，就是利用空气中的醋酸菌使酒转变成醋。其他利用细菌制造的食品还有奶酪、泡菜、酱油、酒、酸奶等。细菌也能够分泌多种抗生素，例如链霉素即是由链霉菌所分泌的。

细菌能降解多种有机化合物的能力也常被用来清除污染，叫做生物复育。举例来说，科学家利用嗜甲烷菌来分解美国佐治亚州的三氯乙烯和四氯乙烯污染。

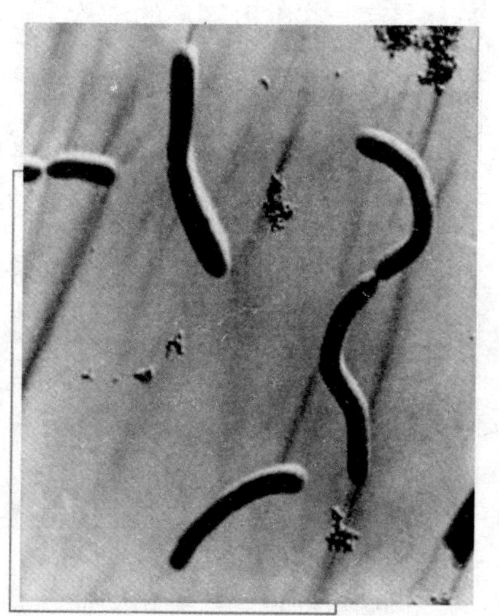

甲烷菌

细菌也对人类活动有很大的影响。一方面，细菌是许多疾病的病原体，包括肺结核、淋病、炭疽病、梅毒、鼠疫、沙眼等疾病都是由细菌所引发的。然而，人类也时常利用细菌，例如奶酪及酸奶的制作、部分抗生素的制造、废水的处理等，都与细菌有关。在生物科技领域中，细菌也有着广泛的运用。

细菌发电

生物学家预言，21 世纪是细菌发电造福人类的时代。说起细菌发电，可以追溯到 1910 年，英国植物学家利用铂作为电极放进大肠杆菌的培养液里，成功地制造出世界上第一个细菌电池。1984 年，美国科学家设计出一种太空飞船使用的细菌电池，其电极的活性物质是宇航员的尿液和活细菌。不过，那时的细菌电池放电效率较低。到了 20 世纪 80 年代末，细菌发电才有了重大突破，英国化学家让细菌在电池组里分解分子，以释放电子向阳极运动产生电能。据计算，利用这种细菌电池，其效率可达 40%，远远高于现在使用的电池的效率，而且还有10%的潜力可挖掘。

利用细菌发电原理，还可以建立细菌发电站。在底面积10米见方（100平方米）的立方体盛器里充满细菌培养液，就可建立一个1 000千瓦的细菌发电站。这是一种不会污染环境的“绿色”电站，随着技术发展，甚至可以用诸如锯末、秸秆、落叶等废弃的有机物的水解物作培养，因此，细菌发电的前景十分诱人。

现在，各发达国家如八仙过海，各显神通：美国设计出一种综合细菌电池，是由电池里的单细胞藻类首先利用太阳光将二氧化碳和水转化为糖，然后再让细菌利用这些糖来发电；日本将两种细菌放入电池的特制糖浆中，让一种细菌吞食糖浆产生醋酸和有机酸，而让另一种细菌将这些酸类转化成氢气，由氢气进入磷酸燃料电池发电；英国则发明出一种以甲醇为电池液，以醇脱氢酶铂金为电极的细菌电池。

人们还惊奇地发现，细菌还具有捕捉太阳能并把它直接转化成电能的“特异功能”。美国科学家在死海和大盐湖里找到一种嗜盐杆菌，它们含有一种紫色素，在把所接受的大约10%的阳光转化成化学物质时，即可产生电荷。科学家们利用它们制造出一个小型实验性太阳能细菌电池，结果证明是可以用嗜盐性细菌来发电的。由此可见，让细菌为人类供电已不是遥远的设想，而是不久的现实。

电　荷

带正负电的基本粒子，称为电荷，带正电的粒子叫正电荷（表示符号为“+”），带负电的粒子叫负电荷（表示符号为“-”）。电荷也是某些基本粒子（如电子和质子）的属性，它使基本粒子互相吸引或排斥。

细菌益肠胃

人体大肠内的细菌靠分解小肠内部的废弃物生活。这些东西由于不可消

化，人体系统拒绝处理它们。这些细菌自己装备有一系列的酶和新陈代谢的通道。这样，它们能够继续把遗留的有机化合物进行分解。它们中大多数的工作就是分解植物中的碳水化合物。大肠内部大部分的细菌是厌氧性的细菌，意思就是它们在没有氧气的状态下生活。它们不是呼出和呼入氧气，而是通过把大分子的碳水化合物分解成为小的脂肪酸分子和二氧化碳来获得能量，这一过程称为“发酵”。

一些脂肪酸通过大肠的肠壁被重新吸收，这会给我们提供额外的能源。剩余的脂肪酸帮助细菌迅速生长。其速度之快可以使它们在每 20 分钟内繁殖一次。因为它们合成的一些维生素 B 和维生素 K 比它们需要的多，所以它们非常慷慨地把多余的维生素供应给它们这个群体中的其他生物，也提供给人体。尽管人体不能自己生产这些维生素，但可以依靠这些非常友好的细菌来源源不断地供应。

基本小知识

消化酶

消化酶是参与消化的酶的总称。一般消化酶的作用是水解，有的消化酶由消化腺分泌，有的参与细胞内消化。细胞外消化酶中，有以胃蛋白酶原、胰蛋白酶原、羧肽酶原等一些不活化酶原的形式分泌然后再被活化的。

科学已经揭示这一集体中不同的细菌之间的复杂关系，以及它们同人这个宿主之间的相互作用。这是一个动态的系统，随着宿主在饮食结构和年龄上的变化，这一系统也做出相应的调整。你一出生就开始在体内汇集你所选择的细菌的种类。当你的饮食结构从母乳变为牛奶，又变成不同的固体食物时，你的体内又会有新的细菌来占据主导地位了。

积聚在大肠壁上的细菌是经历过艰难旅程后的幸存者。从口腔开始经过小肠，它们受到消化酶和强酸的袭击。那些在完成旅行后安然无恙的细菌在到达时会遇到更多的障碍。要想生长，它们必须同已经住在那里的细菌争夺空间和营养。幸运的是，这些“友好的”细菌能够非常熟练地把自己粘贴到大肠壁上任何可利用的地方。这些友好的细菌中的一些可以产生酸和被称为“细菌素”的抗菌化合物。这些细菌素可以帮助抵御那些令人讨厌的细菌的侵袭。

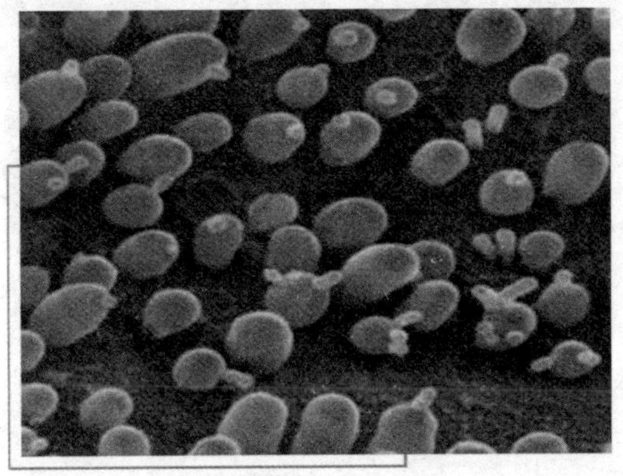

友好的细菌

那些友好的细菌能够控制更危险的细菌的数量，增加人们对“前生命期”食物（指包含有益微生物培养菌的食品）的兴趣。这种食物含有培养菌，酸奶就是其中的一种。在你喝下一瓶酸奶的时候，检查一下标签，看一看哪种细菌将会成为你体内的下一批客人。这就是益生菌。

自由生活的细胞

有许多单细胞生物能够在一定的环境条件下自由地生活。当然，严格地说，没有一个生物是真正自由生活的，因为所有的生物都必须依靠为它提供能量的生态系统。我们现在来研究大家所熟悉的草履虫。

草履虫是一种身体很小，圆筒形的原生动物，它由一个细胞构成，是单细胞动物，雌雄同体。最常见的是尾草履虫，体长只有80～300 微米。因为它身体形状从平面角度看上去像一只倒放的草鞋底而叫做草履虫。草履虫全身由一个细胞组成，体内有一对成型的细胞核，即营养核（大核）和生殖核

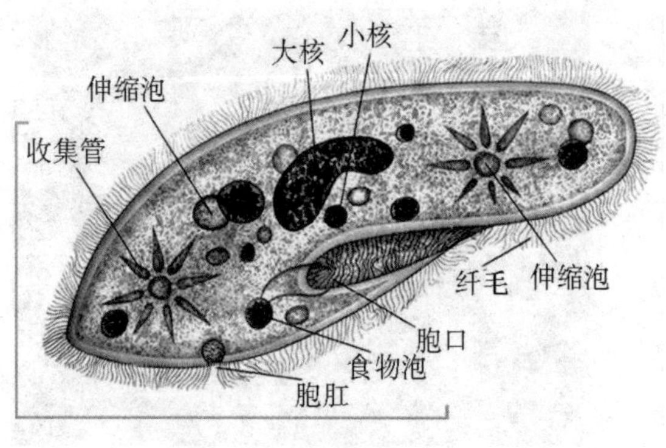

草履虫

（小核）。进行有性生殖时，小核分裂成新的大核和小核，旧的大核退化消失，故称其为真核生物。其身体表面包着一层膜，膜上密密地长着许多纤毛，靠纤毛的划动在水中旋转运动。它身体的一侧有一条凹入的小沟，叫“口沟”，相当于草履虫的“嘴巴”。口沟内密长的纤毛摆动时，能把水里的细菌和有机碎屑作为食物摆进口沟，再进入草履虫体内，供其慢慢消化吸收。残渣由一个叫肛门点的小孔排出。草履虫靠身体的表膜吸收水里的氧气，排出二氧化碳。

获得食物。在一滴水中，草履虫像一个毫无目的的流浪汉，当它碰到障碍的时候，就简单地后退一下，然后又游向不同的方向。但是，当草履虫碰到细菌时，细菌就会被它那种细小的纤毛扫入口沟。

知识小链接

食物泡

食物泡是摄食固体食物的细胞，特别是原生动物，把食物纳入细胞内形成的临时的细胞器。

很多的细菌进入细胞内，汇集成团，这一团细菌被一些液体所包围，于是形成了一个食物泡并脱离胞口，在细胞内部流动。

如果在草履虫生活的水中放入红色染料（洋红粉末），它们也会使这些染料进入它们的食物泡内，把食物泡染成红色。

草履虫摄入的细菌是靠贮藏在食物泡内的酶来消化的，当消化后的食物被草履虫吸收，食物泡也就消失了。如果食物泡内有任何不能消化的颗粒，该食物泡就会慢慢地移向肛门点，在那儿将残渣排出体外。

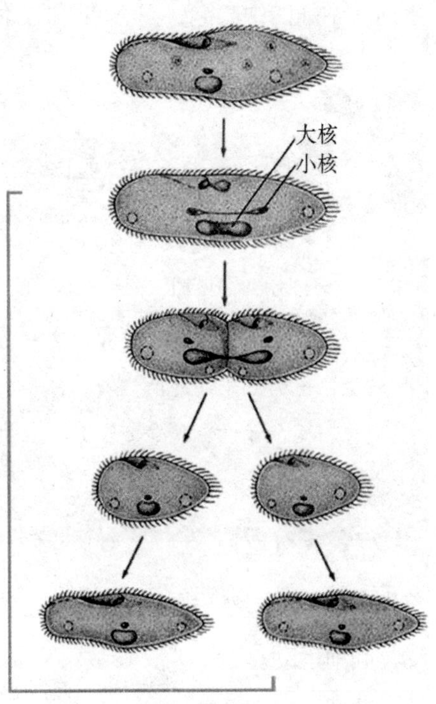

草履虫的分裂

获得氧气。对草履虫来说，得到氧气要比获得食物简单得多。氧气溶解在水中，通过细胞进入动物体内，氧气在细胞内与葡萄糖结合放出能量，产生排泄废物二氧化碳和水，二氧化碳通过细胞膜扩散到周围的水中。在多细胞生物体内，当蛋白质被分解时，所产生的废物叫尿素，尿素溶解于水，就形成了尿。大多数的多细胞动物有复杂的机制来排除这些废物（如膀胱和肾）。而在草履虫体内蛋白质分解所产生的废物是氨（NH_3），它也像二氧化碳一样通过细胞膜扩散到水中，这是一种简单的排泄途径。

维持水的平衡。所有的有机体都必须在它们的细胞内保持适量的水，假如含水量太少，那么细胞内的盐类和其他可溶性物质的浓度会变得太浓，细胞就会死亡。但是，如果过多的水进入细胞内，细胞会因内部的压力过大以致细胞膜破裂而死亡。

草履虫也不例外，因为其原生质中盐和其他物质的浓度都大于其周围环境中的含量，倘若没有东西来维持水分平衡，水分将不断地通过细胞膜进入细胞内，直到把细胞膜胀破为止。维持水分平衡的结构就是收缩泡。草履虫通过它排泄过多的水分。收缩泡的辐射状导管慢慢收集满水分，然后收缩将

水送入中间的中心泡，中心泡再收缩把水通过细胞膜排出体外。

纤　毛

纤毛是从一些原核细胞和真核细胞表面伸出的、能运动的突起。纤毛与鞭毛有相同的结构，但较短，数目多。鞭毛较长，数目少。

草履虫全身布满纤毛，这些纤毛来回摆动把食物扫进口沟。纤毛的运动就像许多在一个方向迅速划动的小桨，使得草履虫向前运动。原生动物可以改变纤毛运动的方向使自己向后或者转圈运动。它们并不是同时摆动，而是一根跟在另一根的后面有节奏地运动。当动物向前运动时，前端的纤毛首先向后摆动，然后是紧紧排列在它后面的纤毛摆动，依次进行，从而使得动物向前运动。

草履虫有两个核，一个大核和一个小核。当虫体分裂时，这两个核也分裂了，这两个新的草履虫也就各有一个大核，一个小核。这是无性繁殖的一种形式。经过若干次分裂繁殖后要进行接合生殖。这是有性生殖的一种形式。接合生殖时，两个草履虫在它们口沟的地方融合，然后每个虫体的小核经有丝分裂成为 2 个，并彼此交换其中的一个小核。交换的一核与剩下的一核合二为一，再分为大小二核，最后两个虫体分离。

植物的诞生

植物经历了从简单到复杂的长期演化过程，才形成当今世界上形态各异、种类繁多的植物世界。植物依据进化程度可分为低等植物和高等植物两大类。这是一个连续发展的过程，即从最简单、最原始的原核生物一直到年轻的被子植物，每一阶段都有化石证据。在漫长的地质历史时期，出现过千姿百态的植物，它为我们的世界做了重要的贡献。这一章让我们一起来感受植物进化的魅力。

藻类植物

◎ 起源演化

藻类植物是从原始的光合细菌发展而来的。光合细菌具有细菌绿素，利用无机的硫化氢作为氢的供应者，产生了光系统Ⅰ。原始藻类植物，如蓝藻类所具有的叶绿素A，是由细菌绿素进化而来的。蓝藻类利用广泛存在的水为氢的供应者，具有光系统Ⅱ，通过光合作用产生了氧。随着蓝藻类的产生，光合细菌类逐渐退居次要地位，而放氧型的蓝藻类则逐渐成为占优势的种类，释放出来的氧气逐渐改变了大气性质，使整个生物界朝着能量利用效率更高的喜氧生物方向发展。这个方向的进一步发展就产生了具有真核的红藻类。同时，类囊体单条地组成为叶绿体，但集光色素基本上一样，仍以藻胆蛋白为集光色素。蓝藻和红藻的集光色素——藻胆蛋白，需用大量能量和物质合成，是很不经济

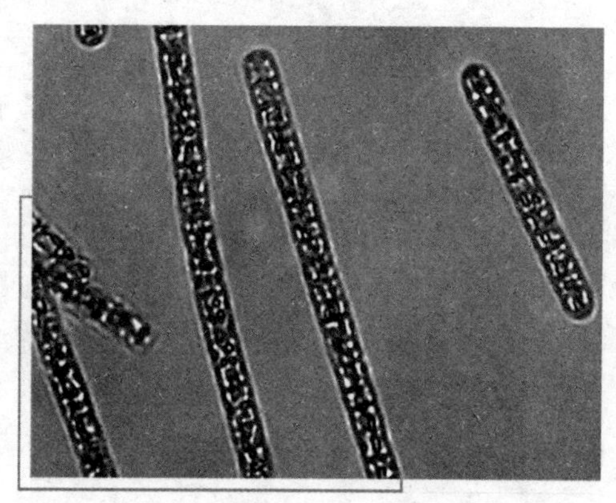

蓝　藻

类囊体

类囊体是在叶绿体基质中，由单层膜围成的扁平小囊，也称为囊状结构薄膜。沿叶绿体的长轴平行排列。类囊体膜上含有光合色素和电子传递链组分，“光能向活跃的化学能的转化”在此上进行，因此类囊体膜亦称光合膜。

的原始类型，所以只能发展到红藻类，形成进化上的一个盲枝。藻类植物的第二个发展方向是在海洋里产生含叶绿素 A 和叶绿素 C 的杂色藻类。叶绿素 C 代替了藻胆蛋白，进一步解决了更有效地利用光能的问题。在开始的时候，藻胆蛋白仍继续存在，如隐藻类，但进一步的进化后，效率较低的藻胆蛋白没有继续存在的必要而逐渐被淘汰，所以比隐藻类较为高级的种类，如在甲藻类、硅藻类，除叶绿素 A 以外，只有叶绿素 C，而藻胆蛋白消失了。迄今，海洋中仍以含有叶绿素 C 的种类，包括甲藻类、金藻类、黄藻类和硅藻类等浮游藻类和褐藻类的底栖藻类占据优势。但这个类群不能离开水体，仍是一个盲枝。

知识小链接

藻胆蛋白

藻胆蛋白是蓝藻、红藻、隐藻和某些甲藻中的辅助光合色素，由色素基团藻胆素和载体蛋白共价结合而成。有增强人体免疫力、抗氧化和抗肿瘤作用，并可用作食品天然色素。

藻类植物的第三个发展方向是在海洋较浅处产生绿色植物。它们除了叶绿素 A 以外，还产生了叶绿素 B。据科学家估计，叶绿素 A + 叶绿素 B 系统比之叶绿素 A + 藻胆蛋白系统，光合作用效率高出了 3 倍，也高于叶绿素 A + 叶绿素 C 系统。这是藻类植物进化的主流。很可能十几年前发现的原绿藻就是这类植物的祖先。原绿藻植物出现的时间可能与原核的杂色藻类（尚未发现）差不多，但由于某种原因，可能与当时的大气光照条件有关，杂色藻类大量发展起来而原绿藻却停留在原始状态。后来，环境条件变为较为适合于叶绿素 B 生物的生长，从原绿藻植物就产生了真核的绿藻类。它们不但产生了叶绿体，而且已经有了比其他藻类更加进步的光合器，即具有基粒的叶绿

体。这类植物终于登陆，进一步演化为苔藓植物、蕨类植物及种子植物。几亿年前地球大气的含氧量已达到现在大气的10%，形成了臭氧屏蔽层，阻挡了杀伤生物的紫外线，使陆地具备了生命生存的条件。登上陆地后，光合生物的进化速度大大加快，在大约5亿年内就从原始的陆地植物发展到高等的种子植物。

基本小知识

种子植物

种子植物是植物界最高等的类群。所有的种子植物都有两个基本特征：(1) 体内有维管组织——韧皮部和木质部；(2) 能产生种子并用种子繁殖。种子植物可分为裸子植物和被子植物。裸子植物的种子裸露着，其外层没有果皮包被。被子植物种子的外层有果皮包被。

◎ 系统分类

藻类植物共有约2 100属，27 000种。根据所含色素、细胞构造、生殖方法和生殖器官构造的不同，分为绿藻门、裸藻门、轮藻门、金藻门、黄藻门、硅藻门、甲藻门、蓝藻门、褐藻门和红藻门。

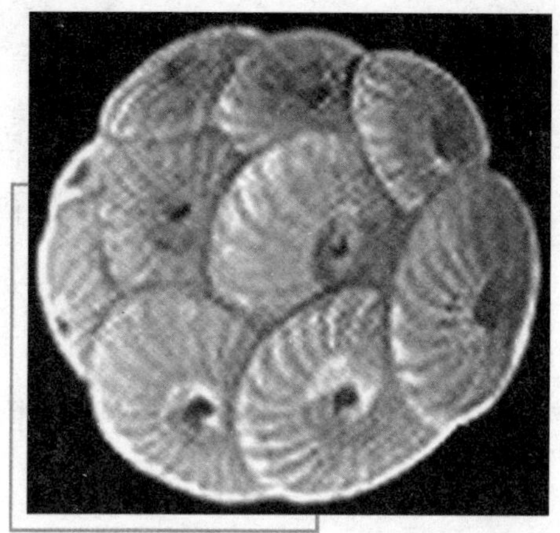

金藻单细胞

绿藻门 一般都呈草绿色，有单细胞、群体和多细胞种类，外形呈丝状、片状及管状等，还有多核胞的种类，形成如蕨类植物分枝的藻体。细胞壁主要为纤维素。色素体的形状、数目视种类而异。所含色素成分与高等植物相同。很多属、种的色素体上有蛋白核。繁殖方式为细胞分裂和产生各种类型的游动和不动孢子，有性生殖有同配、异配及卵配生殖等方式。游动细胞一般有 2 或 4 条顶生、等长的鞭毛。绿藻门中单细胞、群体和游动的种类为常见的浮游藻。石莼目、蕨藻目、管枝藻目及粗枝藻目均为大型底栖海藻。

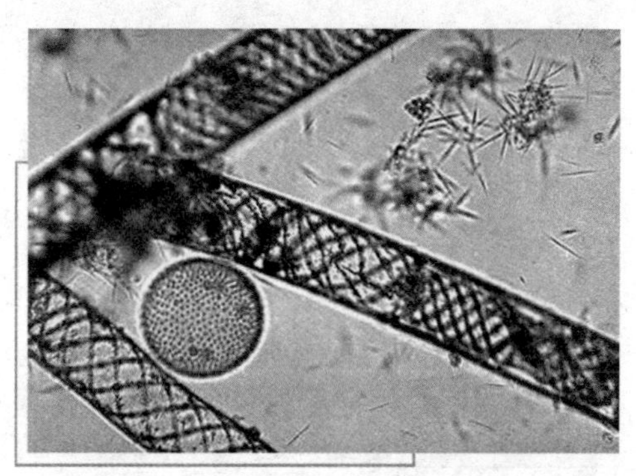

绿　藻

裸藻门　亦称眼虫藻门，多为单细胞，无细胞壁，有些种类有一层具弹性的表质膜，细胞可以伸缩改变形状，也有的种类有一个固定形状的囊壳。所含色素与绿藻门相似，有的种类无色素或具红色素。游动细胞具 1～3 条顶生的鞭毛。无性繁殖为纵分裂，有性生殖少见。多数生长于含有机质丰富的小型静水水体中，尤其是暖季阳光充足时常大量繁殖形成膜状水华，使水呈浓绿、红或其他颜色。

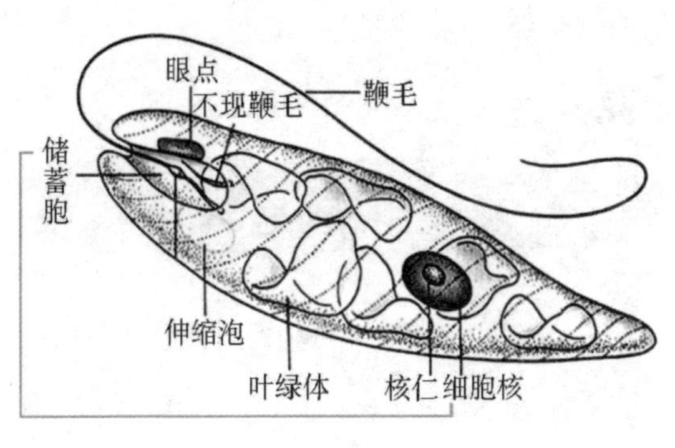

裸藻结构

轮藻门　所含色素和同化产物与绿藻相似。藻体大型、直立，中轴（茎）部分明显分化为节与节间，每个节上轮生小枝和侧枝。细胞单核。有性生殖器官发达，具藏精器和藏卵器，均生于小枝上。地下假根可行营养繁殖。丛生于水底、淡水或半咸水中，尤以稻田、沼泽、池塘、湖泊中更为常见，喜含钙质丰富的硬水和透明度较高的水体。

金藻门　多为单细胞或群体，游动种类多不具细胞壁；有壁的种类主要

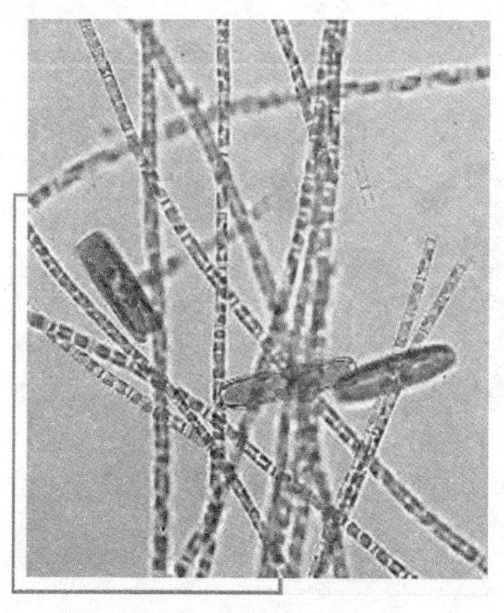

黄 藻

由果胶质组成，壁上有硅质或钙质的小片。色素体金褐色，除含叶绿素、胡萝卜素外，叶黄素主要为墨角藻黄素，还有硅藻黄素及硅甲黄素等。贮藏物为金藻昆布糖和油。繁殖时借分裂产生游孢子或内壁孢子。有性生殖主要为同配生殖。

黄藻门 为单细胞、群体、多核管状体或多细胞的丝状体。许多种类的营养细胞壁由大小相等或不相等的两片套合组成。色素体黄绿色，主要成分是叶绿素、胡萝卜素和叶黄素。贮藏物为金藻昆布糖和油。营养细胞和生殖细胞具两条不等长的鞭毛。繁殖时产生游孢子或不动孢子。少数行有性生殖，常为同配生殖。

硅藻门 一般为单细胞，细胞壁含果胶质和二氧化硅。硅藻细胞形似小盒，由上壳和下壳两瓣套合而成，壳面上有花纹，还常有角状、刺状或刺毛状的突出物。色素体除含叶绿素和胡萝卜素外，还有硅藻素、墨角藻黄素等，贮藏物主要为油。通常以细胞分裂方法繁殖。有性生殖为不动配子的接合生殖或卵配生殖，合子发育经过复大孢子阶段。

拓展思考

胡萝卜素

胡萝卜中含有大量的β-胡萝卜素，摄入人体消化器官后，可以转化成维生素A，是目前最安全的补充维生素A的产品。它可以维持眼睛和皮肤的健康，改善夜盲症、皮肤粗糙的状况，有助于身体免受自由基的伤害。不宜与醋等酸性物质同时食用。

甲藻门 多数为具双鞭毛的单细胞个体，细胞壁含纤维素，常由许多固定数目的小甲板按一定形式排列组成，也有不具小甲板的。色素体除含叶绿素、胡萝卜素外，还含有几种叶黄素，如硅甲黄素、甲藻黄素及新甲藻黄素等，细胞呈棕黄色，也有粉红色或蓝色的。腐生或寄生。贮藏物为淀粉和油。有些种类细胞内有特殊的甲藻液泡和刺丝胞等构造。繁殖方法为细胞分裂或产生游孢子。有性生殖为同配或异配，但少见。

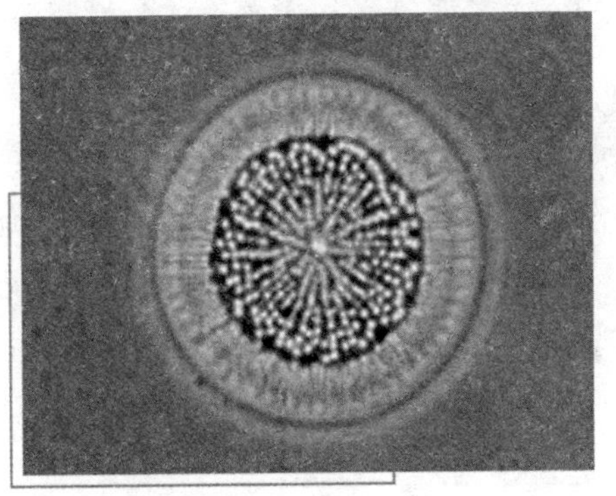

硅 藻

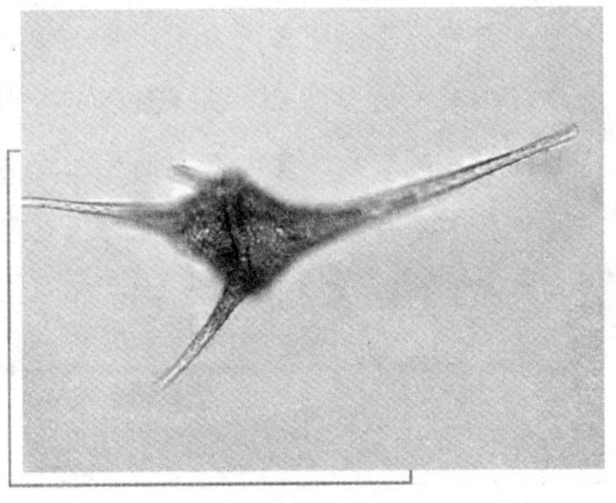

甲 藻

蓝藻门 旧称蓝绿藻门。无色素体、细胞核等细胞器，与细菌同属原核生物。藻体为单细胞、丝状或非丝状的群体，色素除叶绿素、胡萝卜素外，还有几种特殊的叶黄素及大量的藻胆素。贮藏物以蓝藻淀粉为主。无色中央区仅含有相当于细胞核的物质，无核膜及核仁，称为“中央体”。生殖一般借细胞分裂，有些种类形成

拓展思考

细胞分裂

细胞分裂是活细胞繁殖其种类的过程，是一个细胞分裂为两个细胞的过程。分裂前的细胞称母细胞，分裂后形成的新细胞称子细胞。通常包括细胞核分裂和细胞质分裂两步。在核分裂过程中母细胞把遗传物质传给子细胞。

孢子。多喜生于含氮量高的碱性水体中，有的种类能在温度较高的温泉中生长。

果 胞

果胞是红藻的雌性生殖器官。为一单个细胞，基部膨大部分含一卵核，顶端有一细长的受精丝。低等红藻的受精丝较短，系果胞一端或两端的稍微隆起或延伸。受精后，即变成果孢子囊。合子经有丝分裂，直接产生果孢子。

褐藻门　均为多细胞体，有些种类体形很大，构造也较复杂，最简单的是丝体状。色素体呈褐色，除含叶绿素及胡萝卜素外，还含大量墨角藻黄素。贮藏物为褐藻淀粉及甘露醇。以产生游孢子或不动孢子繁殖，有性生殖为同配、异配或卵配。游动细胞梨形，侧生两根不等长的鞭毛，多数种类有世代交替。许多大型褐藻为冷水性海藻，资源颇丰富。

红藻门　绝大多数为多细胞体，体长从几厘米到数十厘米。一般为紫红色，也有褐色或绿色的。除含叶绿素和胡萝卜素外，还含有藻胆素（藻红素及藻蓝素）。贮藏物为红藻淀粉。繁殖方法为产生孢子和卵配生殖，都不具鞭毛。有性生殖过程复杂，雌性生殖器称为果胞，其前端有一延长部分称为受精丝，精子附着在受精丝上受精。大多数红藻都有世代交替。

◎生态特征

藻类分布的范围极广，对环境条件要求不严，适应性较强，在只有极低的营养浓度、极微弱的光照强度和相当低的温度下也能生活。不仅能生长在江河、溪流、湖泊和海洋，而且也能生长在短暂积水或潮湿的地方。从热带到两极，从积雪的高山到温热的泉水，从潮湿的地面到不很深的土壤内，几乎到处都有藻类分布。除轮藻门外的各门藻类都有海生种类。

根据生态特点，一般分藻类植物为浮游藻类、飘浮藻类和底栖藻类。有的藻类，如硅藻门、甲藻门和绿藻门的单细胞种类以及蓝藻门的一些丝状的种类浮游生长在海洋、江河、湖泊，称为浮游藻类。有的藻类如马尾藻类飘浮生长在马尾藻海上，称为飘浮藻类。有的藻类则固着生长在一定基质上，称为底栖藻类，如蓝藻门、红藻门、褐藻门、绿藻门的多数种类生长在海岸带上。这些底栖藻类在一些地方形成了带状分布，一般来说，在潮间带的上部为蓝藻及绿藻，中部为褐藻，下部则为红藻。但中国海域和亚热带海域的冬春两季，高潮带常有蓝藻门的须藻，红藻门的紫菜、小石花菜，褐藻门的鼠尾藻，绿藻门的绿苔、浒苔；中潮带常有红藻门的海萝，褐藻门的萱藻和绿藻门的礁膜、石莼等；低潮带及潮下带种类很多，如红藻门的石花菜、角叉藻、多管藻、凹顶藻，褐藻门的海带、裙带菜、海蒿子和绿藻门的海松。潮间带还有许多石沼，为藻类的生长提供了良好的条件。还有两种特殊的生态环境适宜若干藻类群落的生长，如亚热带和热带的红树林，常有卷枝藻、链藻、鹧鸪菜在气根上及树干基部上生长，热带海洋的珊瑚礁常有大量的仙掌藻属植物。

温度是影响藻类地理分布的主要因素。海藻根据生长地点温度的差异可分为3种类型：

（1）冷水性种。生长和生殖最适宜温度小于4℃，其下又可分为适温为0℃左右的寒带种及适温为0℃～4℃的亚寒带种。

（2）温水性种。生长和生殖的最适温为4℃～20℃，其下又可分为适温为4℃～12℃的冷温带种和适温为12℃～20℃的暖温带种。

基本小知识

光 谱

光谱是复色光经过色散系统分光后，被色散开的单色光按波长（或频率）大小而依次排列的图案，全称为光学频谱。光谱中最大的一部分可见光谱是电磁波谱中人眼可见的一部分，在这个波长范围内的电磁辐射被称作可见光。

（3）暖水性种。生长和生殖适温大于20℃，又可分适温为20～25℃的亚热带种及适温大于25℃的热带种。多数海藻对温度的适应能力不强，因此在海水温度变化大的海区，一年中种类的变化很大，冬天有冷水性藻类，夏天有温水性藻类，它们能在较短的适温时间内完成生命周期。但有些底栖海藻对温度变化的适应能力很强，如石莼几乎在世界各地都能全年生长。淡水藻中多数硅藻和金藻类在春天和秋天出现，属于狭冷性种；有些蓝藻和绿藻仅在夏天水温较高时出现，为狭温性种。

光照是决定藻类垂直分布的决定性因素。水体对光线的吸收能力很强，湖泊10米深处的光强仅为水表面的10%，海洋100米深处的光强仅为水表面的1%；而且由于海水易于吸收长波光，还造成各水层的光谱差异。各种藻类对光强和光谱的要求不同，绿藻一般生活在水的表层，而红藻、褐藻则能利用绿、黄、橙等短波光线，可在深水中生活。

水体的化学性质也是藻类出现及其种类组成的重要因素。如蓝藻、裸藻容易在富营养水体中大量出现，并时常形成水华；硅藻和金藻常大量存在于山区贫营养的湖泊中；绿球藻类和隐藻类在小型池塘中常大量出现。

知识小链接

水　华

水华就是淡水水体中藻类大量繁殖的一种自然生态现象，是水体富营养化的一种特征，海水中出现此现象（一般呈红色）则为赤潮。

此外，生活于同一水域的各藻类相互间的影响对它们的出现和繁盛也有重要作用，某些藻类能分泌物质抑制其他藻类的形成和发展。

◎生长繁殖

藻类植物的生殖有营养体生殖、无性生殖和有性生殖。营养体生殖方法很多，有特殊的营养枝，如黑顶藻的繁殖枝，掉地后则独立生长为新的个体；有依靠假根的繁殖方式，如海扇藻；也有依靠盘状幼体以度夏或度冬。无性生殖主要依靠游孢子，这些游孢子一般具有1～4根鞭毛，叶绿体和眼点，没有细胞壁，有自由游动的能力；缺少鞭毛因而没有游动能力的孢子也不少，如蓝藻门的内孢子，红藻门的四分孢子，绿藻门的厚壁孢子等。有性生殖依靠配子，可以是同配或异配。同配由形状大小一样的配子相互接近，融合形成厚壁的合子，而异配则由大小不同，甚至形状不一样的配子融合形成合子。卵配是一种异配，其雌性细胞较大，一般不能游动，而其雄性细胞较小，有两根鞭毛，能自由游动。红藻的卵配尤其特殊，卵囊称果胞，为一瓶状构造，卵在瓶底，瓶颈即受精丝，而精子在精子囊内，不能游动，随水漂流，遇受精丝则黏着上，精子破囊而出，顺着受精丝进入果胞与卵子结合成为合子，后者立即发育成为一个双倍体的果孢子体，寄生在雌性个体上。果孢子体成熟产生果孢子，发育则成为独立的孢子体。

◎藻类植物的特性

形　态

藻类植物体大小悬殊，最小的直径只有1～2微米，肉眼见不到，而最大的长达60多米。形态相差很大，有单细胞、群体和多细胞。群体个体由许多单细胞个体群集而成。多细胞个体有丝状体、囊状体和皮壳状体等，也有类似根、茎、叶的外形，但不具备高等植物那样的内部构造和功能。生殖器官一般由单细胞构成。合子不在母体内发育成胚。主要生活在水里，也有的生活在潮湿的岩石、树干、土壤表面或内部。

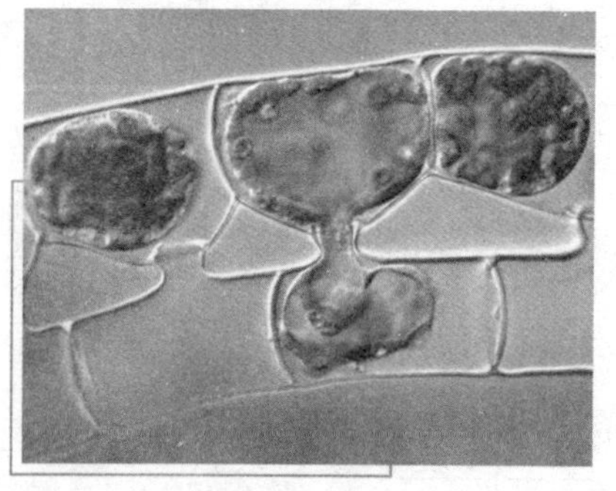

藻类形态

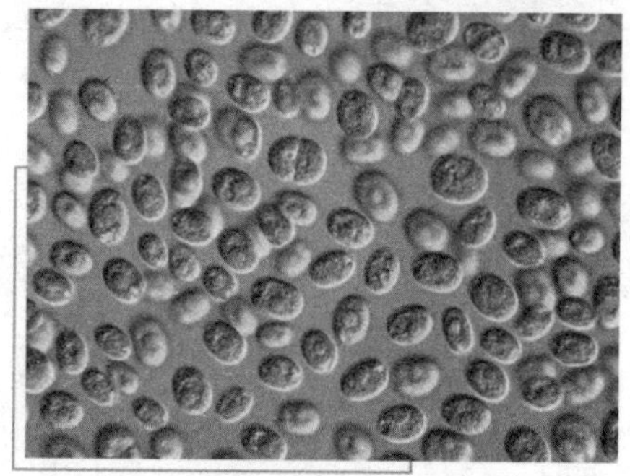

寄生的藻类

色素和光合作用

拓展思考

丝状体

丝状体呈纤丝状，伸出菌体外，由鞭毛蛋白紧密排列并缠绕而成的中空管状结构。丝状体的作用犹如船舶或飞机的螺旋桨推进器。鞭毛蛋白是一种弹力纤维蛋白，其氨基酸组成与骨骼肌中的肌动蛋白相似，可能与鞭毛的运动有关。

藻类植物细胞含有各式各样的色素，而不同的色素组成标志着进化的不同方向，是分类的主要依据。但所有的藻类都含有叶绿素A和光合作用系统Ⅱ，并能利用水作为氢的供体，在光合作用中释放出氧气。现在大气中的游离氧气主要是光合作用的产物，其中大半是藻类所产生。藻类的色素主要有4类：叶绿素、藻胆蛋白、胡萝卜素和叶黄素，其中除叶绿素A以外，β-胡萝卜素也普遍存在于各种藻类，只是在隐藻门数量较少而已。此外，蓝藻门、红藻门和隐藻门还含有藻胆蛋白，隐藻门、甲藻门、黄藻门、金藻门、硅藻门和褐藻门含有叶绿素C，原绿藻门、裸藻门、绿藻门和轮藻门含有叶绿素B，红藻门有的种类则含有叶绿素D。少数藻类在演化过程中营腐生或寄生生活，逐渐失掉叶绿素，成为没有色素的藻类。

苔藓植物

◎起源与演化

苔藓植物的生活史在高等植物中是很特殊的，它的配子体高度发达，支配着生活、营养和繁殖。而孢子体不发达，寄居在配子体上，居次要地位。对苔藓植物的来源问题，迄今尚未得出结论。根据现代植物学家的看法，主要有两种主张。

苔藓植物

拓展阅读

轮　藻

轮藻门仅一纲，轮藻纲，轮藻目。常见者为轮藻属和丽藻属。藻类植物的1门，大型沉水植物。植物体具有类似根、茎、叶的分化。茎有节和节间之分，在节上轮生有相当于叶的小枝，有些种类体外有钙质或胶质。

起源于绿藻

主张起源于绿藻的人，认为苔藓植物的叶绿体和绿藻的载色体相似，具有相同的叶绿素和叶黄素。在角苔中并具有蛋白核，储藏物亦为淀粉。其代表植物体发育第一阶段的原丝体，也很像丝藻。在生殖时所产生的游动精子，具有两条等长的顶生鞭毛，也与绿藻的

精子相似。其精卵结合后所产生的合子，在配子体内发育，这点在丝藻中的某些种类如鞘毛藻属，也具有相似的迹象。此外，绿藻中的轮藻，植物体甚为分化，其所产生的卵囊与精子囊，也可与苔藓植物的颈卵器与精子器相比拟。而且轮藻的合子萌发时，也先产生丝状的芽体。但轮藻不产生二倍体的营养体，没有孢子，行无性生殖。苔藓植物由轮藻演化而来，似乎可能性也不大。

另外，在20世纪40～50年代末，先后在印度发现了佛氏藻，在日本本土及加拿大西部沿海地区，发现了藻苔两种植物。佛氏藻是绿藻门中胶毛藻科植物，这种植物主要生长在潮湿的土壤上，偶尔也生长在树木上，植物体由许多丝状藻丝构成，并交织在一起而呈垫状，其中有的丝状体伸入土壤中成为无色的假根细胞，有的丝状体向上，形成单列细胞构成的气生枝，此种结构与叶状的苔类相似。而藻苔是苔藓植物门中的苔类植物，植物体的结构也非常简单，它的配子体没有假根，只有合轴分枝的主茎，在主茎上有螺旋状着生的小叶，小叶深裂成2～4瓣，裂瓣成线形。有颈卵器，侧生或顶生在主茎上。精子器、精子、孢子体迄今尚未发现。它的形态及结构都很像藻类，故以前在没有发现其颈卵器时，一直认为它是一种藻类植物。

藻　苔

生长的苔藓

由于以上两种植物的发现，为苔藓植物来源于绿藻类植物，或多或少地提供了例证。

配子体

配子体是在植物世代交替的生活史中，产生配子和具单倍数染色体的植物体。

起源于裸蕨类

主张起源于裸蕨类的人，见到裸蕨类中的角蕨属和鹿角蕨属没有真正的叶与根，只在横生的茎上生有假根，这与苔藓植物体有相似处。在角蕨属、孢囊蕨属的孢子囊内，有一中轴构造，此点和角苔属、泥炭藓属、黑藓属的孢子囊中的蒴轴很相似。在苔藓植物中没有输导组织，只在角苔属的蒴轴内有类似输导组织的厚壁细胞。而在裸蕨类中，也可以看到输导组织消失的情况，如好尼蕨属的输导组织只在拟根茎中消失，而在孢囊蕨属中输导组织就不存在了。另外，按顶枝学说的概念，植物体的进化，是由分枝的孢子囊逐渐演变为集中的孢子囊。在裸蕨中的孢囊蕨已具有单一的孢子囊，而在藓类中的真藓中，就发现有畸形的分叉孢子囊，似乎也可以证明苔藓植物起源于裸蕨类植物。由于以上原因，主张起源于裸蕨类的人，认为配子体占优势的苔藓植物，是由孢子体占优势的裸蕨植物演变而来的，由于孢子体的逐步退化，配子体进一步复杂化的结果。此外，根据地质年代的记载，裸蕨类出现于志留纪，而苔藓植物发现于泥盆纪中期，苔藓植物比

输导组织

输导组织是植物体中担负物质长途运输的主要组织，是植物体中最复杂的系统。根从土壤中吸收的水分和无机盐，由输导组织运送到地上部分。叶光合作用的产物，由输导组织运送到根、茎、花、果实中去。植物体各部分之间经常进行的物质的重新分配和转移，也要通过输导组织来进行。

裸蕨类晚出现数千万年，从年代上也可以说明其进化顺序。

叶状体

叶状体也叫原植体，无根、茎和叶的分化，如藻类植物、菌类及地衣的营养体，还有蕨类植物的原叶体（配子体）等。

以上介绍有关苔藓植物起源的两种说法，直到今日尚不能确定何者为是，其主要原因是缺乏足够的论证，这还有待于今后解决。

在苔藓植物门中，苔类与藓类相比，何者进化，何者原始，不同学者的见解也不一致。如认为苔藓植物是由绿藻中的鞘毛藻演化而来，则首先出现的类型是有背腹面的叶状体，再由叶状体演变为直立的、辐射对称的类型，因而苔类发生在前，藓类在后。假若认为苔藓植物是由轮藻演化而来，则首先出现的为具有茎、叶的辐射类型，然后再演变为具背腹之分的叶状体类型，因而藓类发生在先，苔类在后。若承认苔藓植物来源于裸蕨类，则在苔藓植物中孢子体最发达，配子体最简单的角苔为原始，再由角苔演变为其他苔类与藓类。

苔藓植物的配子体虽然有茎、叶的分化，但茎、叶构造简单，喜欢阴湿，在有性生殖时，必须借助于水，这都表明它是由水生到陆生的过渡植物。由于苔藓植物的配子体占优势，孢子体依附在配子体上，而配子体的构造简单，没有真正的根和输导组织，因而在陆地上难于进一步适应发展，所以不能像其他孢子体发达的陆生高等植物，能良好地适应陆生生活。

藓　类

◎生长习性

苔藓不适宜在阴暗处生长，它需要一定的散射光线或半阴环境，最主要的是喜欢潮湿环境，特别不耐干旱及干燥。养护期间，应给予一定的光亮，每天喷水多次（依空气湿度而定），应保持空气相对湿度在80%以上。

阴湿处的苔藓

另外，温度不可低于22℃，最好保持在25℃以上，才会生长良好。

◎结构和分类

苔藓植物是一群小型的多细胞的绿色植物。最大的种类也只有数十厘米，简单的种类，与藻类相似，成扁平的叶状体。

知识小链接

假 根

假根是一种单一的或多细胞的在菌丝下方生长出发丝状根状菌丝，伸入基质中吸收养分并支撑上部的菌体，呈根状外观。生于植物体的下面或基部，具有固着植物体和微弱的吸收功能的根样结构。它和真根有明显不同。

比较高级的种类，植物体已有假根和类似茎、叶的分化。植物体的内部构造简单，假根是由单细胞或由一列细胞所组成，无中柱，只在较高级的种

类中，有类似输导组织的细胞群。苔藓植物体的形态、构造虽然如此简单，但由于苔藓植物具有似茎、叶的分化，孢子散发在空中，对陆生生活仍然有重要的生物学意义。

在植物界的演化进程中，苔藓植物代表着从水生逐渐过渡到陆生的类型。

苔藓植物全世界约有23 000种，我国约有2 800种，药用的有21科，43种。根据其营养体的形态结构，通常分为两大类，即苔纲和藓纲。但也有人把苔藓植物分为苔纲、角苔纲和藓纲等三纲。

小形苔藓

◎分　布

苔藓植物分布范围极广，可以生存在热带、温带和寒冷的地区（如南极洲和格陵兰岛）。成片的苔藓植物称为苔原，苔原主要分布在欧亚大陆北部和北美洲，局部出现在树木线以上的高山地区。

苔藓植物可以防止水土流失。苔藓植物一般生长密集，有较强的吸水性，因此能够抓紧泥土，有助于保持水土。可作为鸟雀及哺乳动物的食物。有助于形成土壤。苔藓植物可以积累周围环境中的水分和浮尘，分泌酸性代谢物来腐蚀岩石，促进岩石的分解，形成土壤。

◎特　征

（1）多生长于阴湿的环境里，常见长于石面、泥土表面、树干或枝条上。体形细小。

（2）一般具有茎和叶，但茎中无导管，叶中无叶脉，所以没有输导组织，根非常简单，称为“假根”。

岩石上的苔藓

（3）所有苔藓植物都没有维管束构造，输水能力不强，因而限制了它们的体形及高度。有假根，没有真根。叶由单层细胞组成，整株植物的细胞分化程度不高，为植物界中较低等者。

（4）有世代交替现象。苔藓植物的主要部分是配子体，即能产生配子（性细胞）。配子体能形成雌雄生殖器官。雄生殖器成熟后释放出精子，精子以水作为媒介游进雌生殖器内，使卵子受精。受精卵发育成孢子体。

基本小知识

孢子囊

孢子囊是植物或真菌制造并容纳孢子的组织。孢子囊会出现在被子植物门、裸子植物门、蕨类植物门、蕨类相关、苔藓植物、藻类和真菌等生物上。

（5）孢子体具有孢蒴（孢子囊），内生有孢子。孢子成熟后随风飘散。在适当环境，孢子萌发成丝状构造（原丝体）。原丝体产生芽体，芽体发育成配子体。

发育的苔藓

苔藓植物在有性生殖时，在配子体（n）上产生多细胞构成的精子器和颈卵器。颈卵器的外形如瓶状，上部细狭称颈部，中间有一条

沟称颈沟，下部膨大称腹部，腹部中间有一个大型的细胞称卵细胞。精子器产生精子，精子有两条鞭毛借水游到颈卵器内，与卵结合，卵细胞受精后成为合子（$2n$），合子在颈卵器内发育成胚，胚依靠配子体的营养发育成孢子体（$2n$），孢子体不能独立生活，只能寄生在配子体上。孢子体最主要的部分是孢蒴，孢蒴内的孢原组织细胞经多次分裂再经减数分裂，形成孢子（n），孢子散出，在适宜的环境中萌发成新的配子体。

在苔藓植物的生活史中，从孢子萌发到形成配子体，配子体产生雌雄配子，这一阶段为有性世代；从受精卵发育成胚，由胚发育形成孢子体的阶段称为无性世代。有性世代和无性世代互相交替形成了世代交替。

苔藓植物的配子体世代，在生活史中占优势，且能独立生活，而孢子体不能独立生活，只能寄生在配子体上，这是苔藓植物与其他高等植物明显不同的特征之一。

拓展阅读

无性世代

无性世代主要是指植物在二环型的生活史中，以孢子体为生活主体的世代。在核相是以双倍核为其代表。是从受精后的合子开始，直到孢子形成前发生减数分裂时为止这一期间。无性一词一般是强调孢子没有性的区别，是与配子体的有性现象相对比而得名的。

蕨类植物

◎ 起源与演化

根据已发现的古植物化石推断，一般认为，古代和现代生存的蕨类植物的共同祖先，都是距今4亿年前的古生代志留纪末期和下泥盆纪时出现的裸蕨植物。

蕨类植物

裸蕨植物在下、中泥盆纪最为繁盛，在它们生存的时期里，衍生出来的种类很多，形式也复杂。据近来的研究，也有不少人认为裸蕨植物可能并不代表植物界的一个自然分类单元，而是一个内容极为庞杂的大类群。近来发现于西伯利亚寒武纪的阿丹木，以及发现于澳大利亚志留纪的刺石松等化石植物，因其形态特征和地质年代的古老性，认为蕨类植物并不完全是起源于裸蕨植物，而是起源于比它们更原始的类型或是共同的祖先。但是由于化石保存条件的限制，现在的认识还是很不完善，需要进一步研究。

裸蕨植物

关于裸蕨植物的起源问题，植物学家的意见并不一致。多数人认为，古老的蕨类植物起源于藻类；也有人认为，可能起源于苔藓植物。至于裸蕨植物起源于哪一类藻类植物，意见又有分歧。有的认为裸蕨起源于绿藻，主要理由是它们都有相同的叶绿素，贮藏营养是淀粉类等物质，游动细胞具有等长鞭毛等特征都和绿藻相似；也有人认为蕨类起源于褐藻，理由是褐藻植物中不但有孢子体和配子体同样发达的种类，也有孢子体比配子体发达的种类，而且褐藻植物体结构复杂，并有多细胞组成的配子囊。

至于认为蕨类植物起源于苔藓植物，其理由主要是裸蕨植物孢子体有某

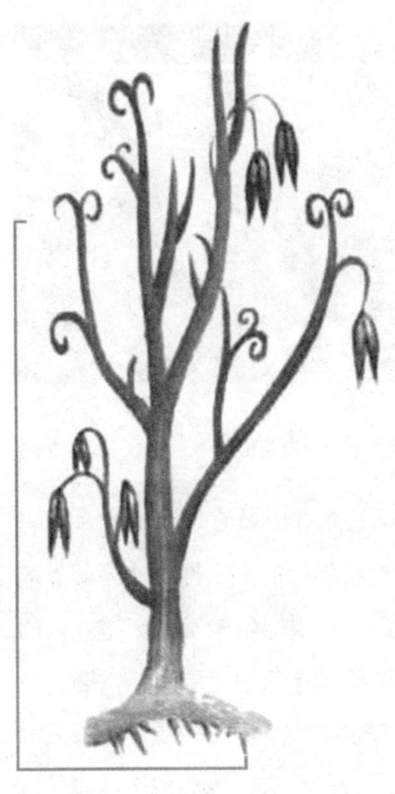

早期蕨类植物

些性状与苔藓植物中的角苔类相似，但缺乏足够证据，又难以解释两者生活史上孢子体和配子体优势的转变。也有人认为，裸蕨植物和苔藓植物都是起源于藻类，并且是平行发展而来的。

裸蕨植物远在晚志留纪或泥盆纪已经登陆生活，由于陆地生活的生存条件是多种多样的，这些植物为适应多变的生活环境，而不断向前分化和发展。在漫长的历史过程中，它们是沿着石松类、木贼类和真蕨类 3 条路线进行演化和发展的。

石松植物是蕨类植物中最古老的一个类群，在下泥盆纪就已出现，中泥盆纪时，其木本类型已分布很广，到石炭纪为极盛时代，二叠纪则逐渐衰退，而今只留下少数草本类型。其最原始的代表植物，是发现于大洋洲志留纪地层中的刺石松，茎二叉分枝，具星芒状原生中柱，密被螺旋状排列的细长拟叶，每一拟叶具一简单的叶脉，孢子同型。这些特征很像裸蕨植物的星木属植物，但是，它的孢子囊着生的位置

拓展思考

性　状

性状是指生物体所有特征的总和。任何生物都有许许多多性状。有的是形态结构特征，有的是生理特征，有的是行为方式等。在诸多性状中只着眼于一个性状，即单位性状进行遗传学分析已成为一种遗传学研究中的常规手段。

是在各拟叶之间或近拟叶的基部，而不像真正裸蕨植物那样生在枝的顶端。这可能由于载孢子囊的枝轴部分缩短，并趋于消失，因而孢子囊从顶生的位置转移到侧生位置。由此推测出具有侧生位置的孢子囊特征的石松类植物，是由裸蕨植物起源的，而刺石松是裸蕨植物和典型的石松类植物之间的过渡类型。

古老的蕨类植物

现代生存的松叶蕨目植物没有根的结构，甚至在其胚的发育阶段，也没有任何根的性状。由此可见，它们先前从来就未曾有过根，所以根的不存在现象，乃是原始性状，而并非由于退化的结果。很多植物学家认为它们是裸蕨植物的后裔。但是，松叶蕨迄今尚未发现过有化石的代表，虽然它有极大的原始性，但是其顶枝起源的叶器官和孢子囊合成为聚囊现象，显然与裸蕨植物不同，故难以断定它们的亲缘关系。

知识小链接

孢子异型

孢子异型是指蕨类植物中，异型孢子由大孢子囊和小孢子囊分别产生。大孢子囊产生大孢子，发育为雌配子体，小孢子囊产生小孢子，发育为雄配子体。

木贼类植物出现在泥盆纪，最古老的木贼类植物是泥盆纪地层中的叉叶属（海尼属）和古芦木属。其特征与裸蕨类及木贼属均相似，故被认为是裸

蕨类与典型木贼植物之间的过渡类型。

真蕨类植物最早出现在中泥盆纪，但它们与现代生存的真蕨类植物有较大差别，故被分成为原始蕨类。其孢子囊呈长形，囊壁厚，纵向开裂或顶上孔裂。1936 年，在我国云南省泥盆纪地层中发现了小原始蕨，及发现于中泥盆纪的古蕨属等。小原始蕨是具有一种合轴分枝的小植物，侧枝的末端扁化成扁平二叉分枝的叶片状，孢子囊着生在具有维管束的小侧枝顶上。古蕨属具有大型、二回羽状的真蕨形叶子，在一个平面上排列着小羽片，孢子囊着生在小羽片轴上，孢子异型。这些植物在体形上很可能代表介于裸蕨类和真蕨类之间的类型。古蕨属的发现，加强了真蕨亚门和裸子植物门之间在系统发育上的联系。许多人认为，最早的裸子植物是通过古蕨这一途径发展出来的。在长远的地质年代中，这些古代的真蕨植物到二叠纪时大多已灭绝。到三叠纪和侏罗纪又演化发展出一系列的新类群。现代生存的真蕨大多具大型叶，有叶隙，茎多为不发达的根状茎，孢子囊聚集成孢子囊群，生在羽片下面或边缘，绝大多数是中生代初期发展的产物。

◎ 一般特征

当你走在野外，看到路边或林下有一株如拳头般卷曲的幼叶，或者不经意间发现一种草本植物的叶背有许多棕色虫卵状的结构（孢子囊群），或者仔细观察到某种草本植物的叶背（特别是叶柄基部）生有一些棕色披针形的毛状结构（鳞片），这些植物都是蕨类植物。可以说，识别蕨类植物的 3 把金钥匙是：拳卷幼叶、孢子囊群、鳞片。

蕨类植物的一生要经历两个世代，一个是体积较大、有双套染色体的孢子体世代，另一个是体积微小、只有单套染色体的配子体世代。蕨类的孢子体也就是我们一般熟悉的蕨类植物体，包括根、茎、叶、孢子囊群等结构，其孢子囊中的孢子母细胞经减数分裂即形成具有单套染色体的孢子。孢子成熟后，借风力或水力散布出去，遇到适宜的环境，即开始萌发生长，最后形成如小指甲大小的配子体。配子体上生有雄性生殖器官（精子器）和雌性生殖器官（颈卵器），精子器里的精子借助水游入颈卵器与其中的卵细胞结合，形成具有双套染色体的受精卵。如此又进入孢子体世代，即受精卵发育成胚，由胚长成独立生活的孢子体。

有鳞片的蕨类植物

（1）孢子囊群。是蕨类植物的有性生殖器官。在小型叶蕨类中单生在孢子叶的近轴面叶腋或叶子基部，孢子叶通常集生在枝的顶端，形成球状或穗状，称孢子叶穗或孢子叶球。较进化的真蕨类，孢子囊一般着生在叶片的下表面、边缘或集生在一个特化的孢子叶上，往往由多数孢子囊集成群，其形状与颜色也各式各样，又称孢子囊群，大多数水生蕨类的孢子囊群特化成孢子果。多数发育成熟的孢子呈棕色或褐色，能保持较长时间的发芽力，但发芽力随着保存时间的延长而降低；少数种类的孢子为绿色，这类孢子的寿命很短，一般只有几天，应即采即播。大多数蕨类植物的孢子同型，卷柏与少数水生蕨类的孢子异型。多数孢子囊群的外面有孢子囊群盖保护。

基本小知识

孢子果

孢子果是某些水生或湿生蕨类植物特有的一种内生孢子囊的结构。其形态和内生孢子囊的情况因种类而异。大孢子果较小，内生少数大孢子囊；小孢子果较大，内生多数小孢子囊。

具有孢子体的蕨类

（2）鳞片与毛类。在蕨类植物的茎、叶、孢子囊体及孢子囊群盖上着生各种各样的鳞片与毛类，它们对这些器官起着保护作用，也是进行类群与物种划分的主要根据。鳞片是由单细胞组成的薄膜片状物，多出现在基部的根状茎和叶柄上，有各种形状与颜色，其表面有或大或小、透明或不透明的多边形网眼，边缘有齿或无齿。其类型可分为毛状原始鳞片、细筛孔鳞片和粗筛孔鳞片等。蕨类植物毛的类型很多，多出现在叶柄、叶轴、叶脉以及上下叶面上。其类型有单细胞或多细胞的针状毛，有由多细胞组成的节状毛，有分枝带长柄的星状毛，也有丝状柔毛及顶部带腺体的腺毛等。

（3）叶。蕨类植物的叶形千差万别，有小型叶与大型叶之分。小型叶如松叶蕨、石松等的叶，没有叶隙与叶柄，只具一个单一不分枝的叶脉。小型叶的来源为茎的表皮细胞而成，为原始的类群。大型叶大都由叶柄与叶片两部分组成，有维管束，而叶隙、叶脉多分枝，其来源是多数顶生枝经过扁化而形成。多数蕨类植物均属此类。它的叶柄一般为圆柱形，有些种类叶柄与叶片分不开，近无柄。叶片由叶脉与叶肉两部分组成，叶片的分裂方式多种多样，有不分裂的单叶，也有各种羽状分裂的复叶。蕨类植物的叶片按功能可分为营养叶与孢子叶，营养叶又叫不育叶，主要功能是用来进行光合作用，制造有机物的。孢子叶又叫能育叶，能产生孢子囊与孢子。有些蕨类植物的营养叶与孢子叶是不分的，而且形状完全相同，叫同型叶；孢子叶与营养叶形状完全不同的称为异型叶，异型叶比同型叶高等。另外，有些种类的叶片末端或叶表面还能产生芽孢形成新的植株。

苏铁蕨

苏铁蕨别名铁树、凤尾蕉、凤尾松。属苏铁科、苏铁属。常绿木本植物。分布在我国东南部和南部沿海温暖湿润地区，其他各地均有栽培。在苏铁属植物中其栽培最为普遍，为传统的名贵观叶植物。

（4）根状茎。蕨类植物的茎多为根状茎，只有少数种类具有高大直立的地上茎，如苏铁蕨、桫椤等。另外，少数原始的种类兼具根状茎与气生茎。根状茎形状多种多样，生长在地下的通常粗而短，生长在地表的多成匍匐状。匍匐茎粗壮的，内含有大量的水分与有机物，具有贮藏营养的功能；匍匐茎细小的，仅含少量水分与有机物，能沿着地表、岩石面、树干等攀缘生长。茎中具有各种各样的维管组织，现代蕨类中除极少种类如水韭、瓶尔小草外，一般没有形成层的结构。大多数蕨类植物的根状茎都具有无性繁殖新个体的功能。

（5）根。蕨类植物的根除极少数原始的种类为假根外，大多为具有较好吸收能力的不定根，但没有真正的主根。根通常生长在根状茎上，只生长在土壤的表层，因此其保水能力较差。蕨类植物的根具有固定植物、吸收水分与养料的作用，有些种类的根还可以萌发幼苗并形成新的植株。

蕨类植物的幼苗

◎ 生境与分布

蕨类植物体内输导水分和养料的维管组织，远不及种子植物的维管组织发达，蕨类植物的有性生殖过程离不开水，也不具备种子植物那样极其丰富多样的传粉受精、用以繁殖后代的机制。因此，蕨类植物在生存竞争中，臣服于种子植物，通常生长在森林下层阴暗而潮湿的环境里，少数耐旱的种类能生长于干旱荒坡、路旁及房前屋后。

热带的蕨类植物

其实，除了大海里、深水底层、寸草不生的沙漠和长期冰封的陆地外，蕨类植物几乎无处不在。从海滨到高山，从湿地、湖泊到平原、山丘，到处都有蕨类的踪迹。它们有的在地表匍匐或直立生长，有的长在石头缝隙或石壁上，有的附生在树干上或缠绕攀附在树干上，也有少数种类生长在海边、池塘、水田或湿地草丛中。蕨类植物绝大多数是草本植物，极少数种类，比如桫椤，能长到几米至十几米高。

现在地球上生存的蕨类约有 12 000 种，分布于世界各地，但其中的绝大多数分布在热带、亚热带地区。我国约有 2 600 种，多分布在西南地区和长江流域以南。我国西南地区是亚洲，也是世界蕨类植物的分布中心之一，云南的蕨类植物种类达到约 1 400 种，是我国蕨类植物最丰富的省份。我国宝岛台湾，面积不大，但蕨类植物有 630 余种之多。台湾是我国蕨类植物最丰富的地区之一，也是世界蕨类物种密度最高的地区之一。

裸子植物

裸子植物是种子植物中较低级的一类。具有颈卵器，既属颈卵器植物，又是能产生种子的种子植物。它们的胚珠外面没有子房壁包被，不形成果皮，种子是裸露的，故称裸子植物。

孢子体即植物体极为发达，多为乔木，少数为灌木或藤木（如热带的买麻藤），通常为常绿，叶针形、线形、鳞形，极少为扁平的阔叶（如竹柏）。大多数次生木质部只有管胞，极少数具导管（如麻黄），韧皮部只有筛胞而无伴胞和筛管。大多数雌配子体有颈卵器，少数种类精子具鞭毛（如苏铁和银杏）。

拓展阅读

胚　珠

胚珠也是种子植物的大孢子囊，为受精后发育成种子的结构。被子植物的胚珠包被在子房内，以珠柄着生于子房内壁的胎座上。裸子植物的胚珠裸露地着生在大孢子叶上。一般呈卵形。其数目因植物种类而异。

◎起　源

裸子植物出现于古生代，中生代最为繁盛，后来逐渐衰退。现代裸子植物约有800种，隶属5纲，即苏铁纲、银杏纲、松柏纲、红豆杉纲和买麻藤纲，9目，12科，71属。我国有5纲，8目，11科，41属，236种，以及一些变种和栽培种。

裸子植物很多为重要林木，尤其在北半球，大的森林80%以上是裸子植物，如落叶松、冷杉、华山松、云杉等。多数种类木材质轻、强度大、不弯、富弹性，是很好的建筑、车船、造纸用材。

苏铁叶和种子、银杏种仁、松花粉、松针、松油、麻黄、侧柏种子等均可入药。落叶松、云杉等多种树皮、树干可提取单宁、挥发油和树脂、松香等。刺叶苏铁幼叶可食，髓可制西米，银杏、华山松、红松和榧树的种子是可以食用的干果。

裸子植物是原始的种子植物，其发生发展历史悠久。最初的裸子植物出现在古生代，在中生代至新生代它们是遍布各大陆的主要植物。现代生存的裸子植物有不少种类出现于古近纪，后又经过冰川时期而保留下来，并繁衍至今。

◎形态特征

裸子植物为多年生木本植物，大多为单轴分枝的高大乔木，少为灌木，稀为藤本；次生木质部几乎全由管胞组成，稀具导管。叶多为线形、针形或

知识小链接

萌发孔

萌发孔是指花粉外壁上的薄壁区域所形成的开口。此种开口的长轴通常为短轴的两倍或更小。花粉萌发时，花粉内壁从萌发孔向外突出，形成花粉管。萌发孔的形状、结构、数目和大小随植物种类不同而异，是鉴别植物的依据。

鳞形，稀为羽状全裂、扇形、阔叶形、带状或膜质鞘状。花单性，雌雄异株或同株；小孢子叶球（雄球花）具多数小孢子叶（雄蕊），小孢子叶具多数至两个小孢子囊（花药），小孢子（花粉）具气囊或船形具单沟，或球形外壁上具一乳头状突起或具明显或不明显的萌发孔或无萌发孔，或橄榄形具多纵肋和凹沟，有时还具一远极沟，多为风媒传粉，花粉萌发后花粉管内有两个游动或不游动的精子；大孢子叶（珠鳞、珠托、珠领、套被）不形成封闭

的子房，着生一至多枚裸露的胚珠，多数丛生树干顶端或生于轴上形成大孢子叶球（雌球花）；胚珠直立或倒生，由胚囊、珠心和珠被组成，顶端有珠孔。种子裸露于种鳞之上，或多少被变态大孢子叶发育的假种皮所包，其胚由雌配子体的卵细胞受精而成，胚乳由雌配子体的其他部分发育而成，种皮由珠被发育而成；胚具两枚或多枚子叶。裸子植物的染色体基数少形较大，各属基本一致。

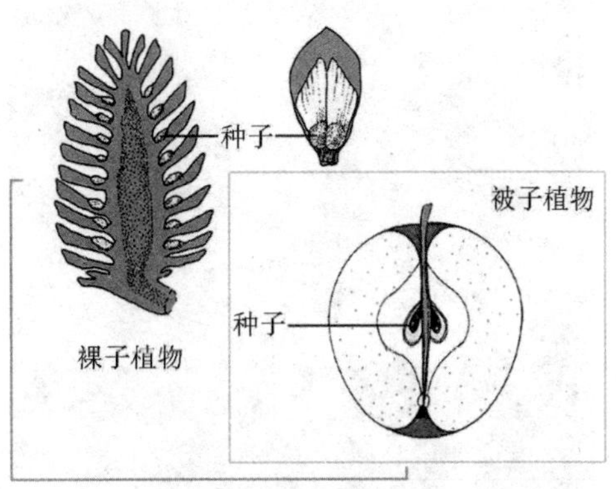

裸子植物和被子植物的区别

基本小知识

种 鳞

种鳞是针叶球果的组成部分，与苞鳞呈上下内外的组合体，一般处于上方或内方。由珠鳞发育而成。

◎ 生态分布

裸子植物广布于南北半球，尤以北半球更为广泛，从低海拔至高海拔、从低纬度至高纬度几乎都有分布。裸子植物的科、属、种数虽远比被子植物少，但森林覆盖面积却大致相等。在高纬度及高海拔气候温凉至寒冷的地区，几乎都是某些裸子植物形成的单纯林或组成的混交林。各类裸子植物的分布为：苏铁科、罗汉松科和南洋杉科，除其模式属（即苏铁属、罗汉松属、南洋杉属）的少数种分布于北半球热带及亚热带外，其他属种均产自南半球；银杏原产中国，现广泛栽于北半球亚热带及温带地区；松科除松属的少数种

北半球的裸子植物

分布于南半球外，其他属种均产自北半球，其中油杉属、金钱松属、黄杉属、雪松属、银杉属以及松属和铁杉属的部分种类分布于亚热带低山至中山地带，随着纬度或海拔的升高，逐渐被耐寒、喜温凉冷湿的少数松树、铁杉及落叶松属、云杉属和冷杉属树种所代替；杉科除单型属密叶杉属产自澳大利亚外，其他属种均分布于北半球的亚热带地区；柏科分布于南北半球；三尖杉科分布于东亚南部及中南半岛北部；红豆杉科除澳洲红豆杉属产自新喀里多尼亚外，其他属种均分布于北半球亚热带及温带；麻黄科分布于北半球温带及亚热带高山；买麻藤科分布于亚洲、非洲及南美洲的热带及亚热带地区；单型科百岁兰科分布于安哥拉及非洲热带东南部。

◎ 进化分类

较多的学者认为裸子植物是由前裸子植物和种子蕨（即苏铁蕨）演化而来。真蕨类与前裸子植物可能共同起源于裸蕨类，而种子蕨类与其他裸子植物又平行起源于前裸子植物。科达类可能起源于前裸子植物，而本内苏铁类（即拟苏铁类）可能起源于种子蕨类的皱叶羊齿类，苏铁类与皱叶羊齿类亲缘关系密切。银杏类与苛得狄

盖子植物

盖子植物是一类特殊的裸子植物，它们没有颈卵器，形态特征也与裸子植物不同。主要有麻黄类、百岁兰等。

类可能有共同的起源，它们可能是由前裸子植物的同一个分支中演化出来，或一开始就彼此独立演化成两个平行分支。松杉类与苛得狄类有着很近的亲缘关系。盖子植物是极特殊的类群，因缺乏古植物学资料，未见有阐明其起源与演化的报道。

被子植物

被子植物是种子植物的一种。或显花植物是演化阶段最后出现的植物种类。它们首先出现在白垩纪早期，在白垩纪晚期占据了世界上植物界的大部分。被子植物的种子藏在富含营养的果实中，提供了生命发展很好的环境。受精作用可由风当传媒，大部分则是由昆虫或其他动物传导，使得显花植物能广为散布。

◎起　源

起源时间

当前多数学者认为被子植物起源于白垩纪或晚侏罗纪。斯科特、马朗和利奥波德对以前记述过的化石进行了全面的讨论，发现白垩纪之前未曾保存具确实证据的被子植物化石。此外，从孢粉证据来看，在白垩纪以前的地层中，未能找到被子植物花粉。多伊尔和马勒根据对早白垩纪和晚白垩纪地层之间孢粉的研究，支持被子植物最初的分化是发生在早白垩纪，

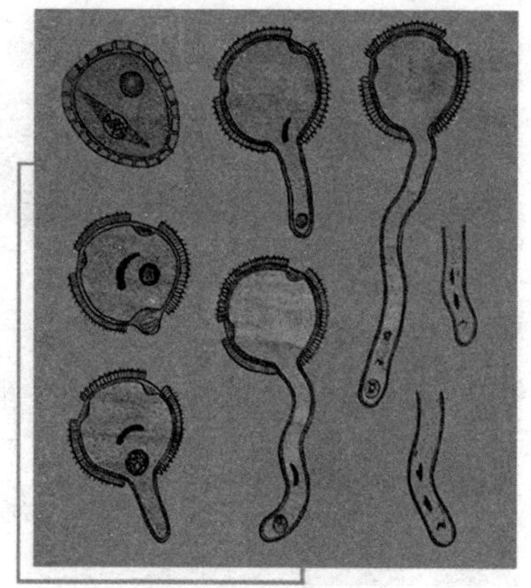

被子植物花粉粒的发育与花粉管的形成

大概在侏罗纪时期就为这个类群的发展准备好了条件，这一观点也被奥尔夫（1972 年）从美国弗吉尼亚的怕塔克森特早白垩纪岩层中得到的叶化石证据所支持。同时，他们还得出结论：在白垩纪，木兰目的发展先于被子植物的其他类群。我国学者潘广等人近些年在华北燕辽地区中侏罗纪地层中发现并确证了原始被子植物的存在，也发现了那时的单子叶和双子叶植物——木兰类和柔荑花序类均已发育较好。因此，被子植物的起源应早于白垩纪。这个观点已在 1999 年第十六届国际植物学大会上引起关注。

种子蕨类

双子叶植物

双子叶植物旧称双子叶植物纲、木兰纲，是指一般其种子有两个子叶之开花植物的总称，约有 199 350 个物种。

关于被子植物起源的时间，最好的花粉粒和叶化石证据表明，被子植物出现于 1.2 亿 ~ 1.35 亿年前的早白垩纪。在较古老的白垩纪沉积中，被子植物化石记录的数量与蕨类和裸子植物的化石相比还较少，直到距今 8 000 万 ~ 9 000 万年的白垩纪末期，被子植物才在地球上的大部分地区占据了统治地位。

发源地

至于被子植物起源的地点，目前普遍认为被子植物的起源和早期的分化很可能在白垩纪的赤道带或靠近赤道带的某些地区。其根据是现存的和化石的木兰类在亚洲东南部和太平洋南部占优势，在低纬度热带地区白垩纪地层中发现有最古老的被子植物三沟花粉。中国植物分类学家吴征镒教授，从中国植物区系研究的角度出发，提出整个被子植物区系早在古近纪以前，便在古代统一的大陆的热带地区发生，并认为中国南部、西南部和中南半岛，在北纬20°~40°的广大地区，最富于特有的古老科、属。这些第三纪古热带起源的植物区系，即是近代东亚温带、亚热带植物区系的开端，这一地区就是被子植物的发源地。

关于被子植物起源的地点问题，依然处于推测阶段，虽然多数学者赞同低纬度起源，但要确切回答被子植物的起源地点在哪还有困难，有待做更深入的研究。

可能的祖先

被子植物的属种十分庞杂，形态变化很大，分布极广，粗看起来，确实难用统一的特征将所有的被子植物归成一类。因此，对被子植物的祖先存在不同的假说，有多元论和单元论两种起源说。

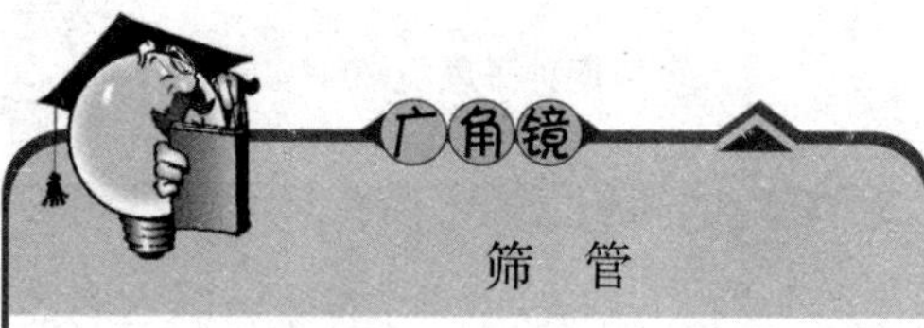

筛　管

筛管是细胞生物学名词，指高等植物韧皮部中的管状结构。由筛分子组成，负责光合产物和多种有机物在植物体内的长距离运输。

多元论认为被子植物来自许多不相亲近的群类，彼此是平行发展的。胡先骕、米塞、恩格勒和兰姆等人是多元论的代表。我国的分类学家胡先骕1950年发表了一个被子植物多元起源的系统，也是我国学者发表的被子植物的唯一系统。

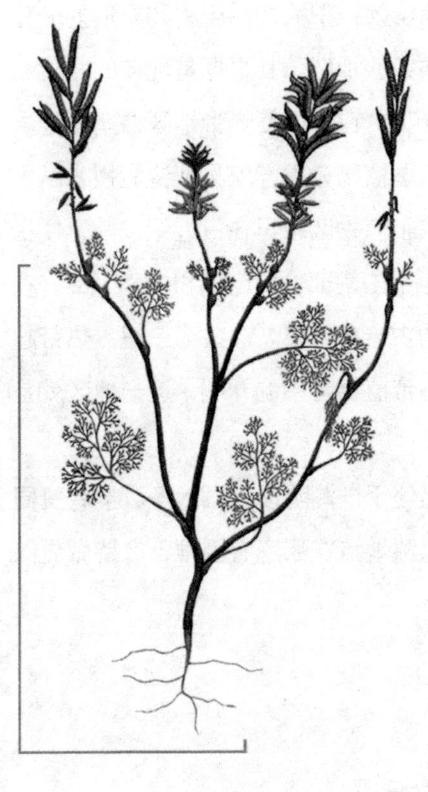
早期种子蕨类

单元论是目前多数植物学家主张的被子植物起源说。主要依据是被子植物有许多独特和高度特化的性状，如雄蕊都有4个孢子（花粉）囊和特有的药室内层；大孢子叶（心皮）和柱头存在；雌雄蕊在花轴排列的位置固定不变；双受精现象和三倍体胚乳；筛管和伴胞存在。因此，人们认为被子植物只能起源于一个共同的祖先。哈钦森、塔赫他间、克朗奎斯特是单元论的主要代表。

被子植物如果真是单元起源，那么它究竟发生于哪一类植物呢？推测很多，至今未有定论。推测的有：藻类、蕨类、松杉目、买麻藤目、本内苏铁目、种子蕨等。目前比较流行的是本内苏铁目和种子蕨这两种假说。

塔赫他间和克朗奎斯特从研究现代被子植物的原始类型或活化石中，提出被子植物的祖先类群可能是一群古老的裸子植物，并主张木兰目为现代被子植物的原始类型。这一观点已得到多数学者的支持。那么，木兰类是从哪一群原始被子植物起源的呢？莱米斯尔主张起源于本内苏铁，认为本内苏铁的孢子叶球常两性，稀单性，和木兰、鹅掌楸的花相似；种子无胚乳，仅是两个肉质的子叶和次生木质部的构造亦相似等，从而提出被子植物起源于本内苏铁。但是，近年来支持这种主张的学者逐渐减少。

塔赫他间认为，本内苏铁的孢子叶球和木兰的花的相似性是表面的，因为木兰类的雄蕊（小孢子叶）像其他原始被子植物的小孢子叶一样是分离、螺旋状排列的，而本内苏铁的小孢子叶为轮状排列，且在近基部合生，小孢子囊合生成聚合囊；其次，本内苏铁目的大孢子叶退化为一个小轴，顶生一个直生胚珠。因此要想象这种简化的大孢子叶转化为被子植物的心皮是很困难的。另外，本内苏铁以珠孔管来接受小孢子，而被子植物通过柱头进行授粉，所有这些都表明被子植物起源于本内苏铁的可能性较小。塔赫他间认为被子植物同本内苏铁有一个共同的祖先，有可能从一群最原始的种子蕨起源。目前，大部分系统发育学家接受种子蕨作为被子植物的可能祖先，但是由于化石记录的不完全，这种假说的证实还有待更全面、更深入地研究。

知识小链接

直生胚珠

直生胚珠是指胚珠各部分均匀生长，整个胚珠直立地着生在珠柄上，即珠孔、珠心、合点和珠柄处于同一直线上，如荞麦、胡桃胚珠。

前被子植物

根据化石记录，被子植物与任何其他类群没有直接的联系。但学者普遍认为，必须到裸子植物的种子蕨类群中去寻找被子植物的祖先。E. A. N. 阿伯和 J. 帕金根据从北美洲侏罗纪地层中找到的若干本内苏铁目的子实体而提出了“花球果”假说，认为被子植物的花是一个由裸子植物的孢子叶球演变来的。被他们称为“花球果”的是短缩和高度变态的、生有孢子的枝条。具含有胚珠的半封闭式短角状构造的开通目有可能代表着现代被子植物的胚珠（而不是心皮）在进化上的先驱，但这些种子蕨不大可能是被子植物直接的祖

被子植物的花

先。根据化石记录，被子植物类群之间的许多相似性和缺少任何明显的内部间隙，以及它们与所有已知的化石和现存裸子植物有着截然的分隔，大多数学者几乎一致确信被子植物是单元发生的。孢粉超微结构方面的研究给这一信念以重要的支持。产生花粉油层是所有被子植物一个普遍的现象，但在裸子植物中，如买麻藤属，却没有这种现象。这一发现证实了以下设想：即花粉油层的产生是最初的被子植物基本性状的综合特征的一部分。黏性的花粉连同具心皮的胚珠、柱头的形成，引诱和供动物食用的各种不同的方法，两性的花等，在功能上都与动物传粉相联系。显然，还没有一个比这更符合事实，以及提供被子植物起源和进一步分化的、生态学上更一致的解释。

◎结构和功能

豆科（蚕豆）花图式真正的花为被子植物独具的主要特征，所以被子植物又叫有花植物。花基本上由4个系列的成分组成：①外层系列为由萼片组成的花萼，通常呈绿色，有保护花的作用。②内层系列为由花瓣组成的花冠，通常质地柔软多汁，色泽鲜艳，具有引诱传粉者的作用。③一至多个系列的生有花粉的雄蕊，合称雄蕊群。④一个（多个）系列的内含胚珠的心皮，构成子房或雌蕊群，通过子房上的花柱和柱头接受花粉粒（雄配子体）。花粉萌发后，雄配子体有一个粉管细胞和两个精子（雄核）；在胚珠中，雌配子体（胚囊）通常有8个细胞（1个卵细胞、2个助细胞、3个反足细胞、2个极核

猪笼草

细胞)。双受精后，由一个花粉粒产生的雄核（配子）与卵受精发育成胚，另一个雄核与两个雌核结合发育成胚乳。花的样式和不同纲的传粉者的感觉或知觉作用紧密相连，而且在昆虫与花的相互关系上存在着平行的协同进化。原始的叶状心皮通过折叠和边缘或缝线的愈合而封闭，很可能与虫媒授粉有关，这不仅可以保护胚珠免受攫食昆虫的侵蚀，而且可以利用来访昆虫作为传递花粉的媒介。

被子植物细胞的结构和分化水平也是最进化的，除了若干原始的成员外，在水分输导组织（木质部）中都有称为导管的管状细胞。在体形上，被子植物大小的变化从高达 150 米的澳大利亚的桉树到长不足 1 毫米的、结构简单的微粒状漂浮水生植物无根萍。在热带雨林中，巨大的藤本植物（如榼藤子）攀缘而上高耸云霄；也有附生在大树上的兰科、天南星科和凤梨科植物，它们仅依靠树杈上的薄薄积土而生长；茅膏菜、捕蝇草、狸藻和猪笼草等食虫植物则在捕虫设计上结构巧妙和复杂。被子植物中还有各种寄生植物如槲寄生、菟丝子，靠从其他

拓展思考

藤本植物

藤本植物是植物体细长，不能直立，只能依附别的植物或支持物，缠绕或攀缘向上生长的植物。藤本依茎质地的不同，又可分为木质藤本（如葡萄、紫藤等）与草质藤本（如牵牛花、长豇豆等）。

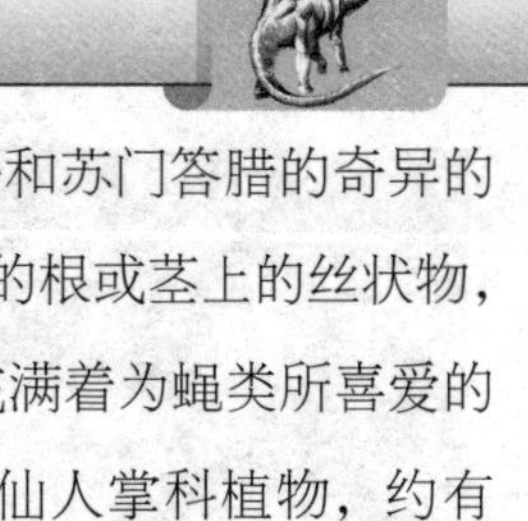

的植物中吸取营养物质来生活。特别是分布在加里曼丹和苏门答腊的奇异的大花草，营养器官退化到只剩下几根生长在其寄主植物的根或茎上的丝状物，但它那巨大的花，直径却达45厘米，重7千克，而且充满着为蝇类所喜爱的尸臭味。还有原产于中美洲和南美洲荒漠的多浆汁的仙人掌科植物，约有2 000种，形态别致，有高达20米的巨大的仙人柱，有直径达1米的笨重的仙人球，也有延地而生、形似游蛇的仙人鞭。干燥的环境使得这些植物特别耐旱：植物体95%以上都是水，茎的外皮坚硬而不通气，叶变成了刺，而且有些种遍体密布毛茸——这一切都是为了防止水分蒸发。

基本小知识

营养器官

植物的器官可分为营养器官及生殖器官。营养器官通常指植物的根、茎、叶等器官，基本功能是维持植物的生命，比如光合作用等。但在某些状况之下，可能有无性生殖和营养生殖，这些营养器官可能成为繁衍的亲本，由这些器官生长出新的个体。

高水平的生理效率和范围广泛的营养体可塑性以及花的多样性使被子植物得以占领几乎所有极端的生态环境，并使这些生态环境特征化——森林、草原、沙漠和许多水生环境。被子植物在主要的植物地理区域内形成了一个常由占优势的科、属和种为特征的一系列广泛的生态群落。

◎繁　殖

被子植物的繁殖可分为有性繁殖和无性繁殖两大类。

有性繁殖

又分为异体受精和自体受精两部分。

（1）异体受精植物。异体受精植物往往具有许多防止自体受精的机制，即不亲和性系统。根据有无形态效应可把不亲和性系统分为：同形不亲和性系统和异形不亲和性系统。异形不亲和性系统大约涉及24个被子植物的科，花柱异长，特别是两型花柱，是一种主要的异形不亲和性系统，其中种的群体是由具长花柱和一组短雄蕊的花以及具短花柱和一组长雄蕊的花的植物所组成，具体例子有报春花属、耳草属、睡菜属、连翘属等。受精作用仅仅发生在两种类型植物之间的传粉以后，而不是在同一植株上。三型花柱是花柱异长的另一种形式，包括3种不同类型的花：①长花柱型，柱头下方有两组花药；②中等花柱型，柱头的上、下方各有一组花药；③短花柱型，两组花药都在柱头上方。三型花柱的种仅在酢浆草科、雨久花科和千屈菜科内发现。种内传粉后受精的程度以花粉与柱头在同一水平者为最高。因此，如中等花柱型的花只有在由长花柱型或短花柱型花中的中等高度的花药传粉以后才能产生种子。几乎任何一个两型花柱或三型花柱的属内都有一些植物，它们的花药和柱头位于同一水平上，即使不是真正自花传粉的话也是自交可亲和的。这种花柱同长的植物的分布往往比花柱异长的植物宽广，如果以自花受精为主，则它们的花可能比较小。

有性繁的被子植物

另一类促进异花受精的机制是雌雄异株、雌雄同株以及它们的各种取代。雌雄异株的分类群可能是从有花植物不同类群的雌雄同株情况下独立发展的——不是直接来自雌雄同株，就是间接通过雌性两性异株，雄性两性异株或雌雄同株等中间阶段而来。通常认为雌雄异株或可以导致雌雄异株的各种中间阶段的进化是有利于异型杂交的选择压力引起的，但还可能包括许多其他的因素。过去曾错误地认为绝大多数雌雄异株的被子植物是风媒传粉的，

现在知道它们大多数是以动物为传粉媒介的。在分类学上，要把雌雄异株种的雄株和雌株配在一起有时很困难。相反，在酸模属、玉叶金花属和羊蹄甲属等植物中，性的这种分离只有为分类提供用来区分近缘种的有用的鉴别依据。

知识小链接

自花授粉

自花授粉指一株植物的花粉，对同一个体的雌蕊进行授粉的现象。在两性花的植物中，又可分为同一花的雄蕊与雌蕊间进行授粉的同花授粉和在一个花序中不同花间进行授粉的邻花授粉，以及同株不同花间进行授粉的同株异花授粉。被子植物大多为异花授粉，少数为自花授粉。

（2）自体受精植物。自体受精植物又叫近亲繁殖植物。由于这类植物的种内或分类群内个体的基因型都多少不相同，而每一个个体又能保持其遗传性多代不变，结果往往形成许多纯系或同形小种。闭花受精是一种有利于自体受精的现象，植物的形小而不引人注目的花在花期保持不开放并进行自花传粉和受精。在通常情况下，闭花受精的花与开花受精的花生在同一植株上，例如堇菜属、酢浆草属、胡枝子属、活血丹属、野芝麻属、四棱草属和莸属。闭花受精有时与生态条件紧密相关，长时期的多雨天气如同极度荫蔽一样，似有利于产生闭花受精的花（如宝盖草）。这可能是因为在遮蔽状况下传粉昆虫常变得稀少的缘故。堇菜属的闭花受精在高海拔地区较频繁的事实显然应归于光周期反应。福斯卡尔鸭跖草生长在地下的闭花受精的花在曝光条件下可变成开花受精。J. S. 赫克斯利认为闭花受精的形成是由生态压力引起的花不能开放（假闭花受精），结果导致自花传粉，继之以花瓣和雄蕊体积的缩小和最后花粉在原来位置上萌发而不从花药上释放等的进一步适应。

二型花严格说来是指闭花受精的花与开花受精的花分别生长在不同的植株上。但闭花受精和二型花现象有时不易分开。例如，在水金凤中，除了完全着生形小的闭花受精花的植株和完全着生形大美丽的开花受精花的植株外，有些植株两者兼备。有时二型花植株在群体内呈多态现象，如卡罗来纳紫草。

无性繁殖

无融合生殖植物包括任何类型的无性繁殖。可分为两大类：营养繁殖和无融合结籽。

无性生殖

无性生殖指的是不经过两性生殖细胞结合，由母体直接产生新个体的生殖方式，分为分裂生殖、出芽生殖、孢子生殖、营养生殖，具有缩短植物生长周期，保留母本优良性状的作用。

（1）营养繁殖。营养繁殖又叫营养体无融合生殖，是指完全靠匍匐茎、根状茎、块茎、珠芽和冬芽等营养体传代的生殖方式，是由植物体的根、茎、叶等营养器官或某种特殊组织产生新植株的生殖方式。这种生殖方式不涉及性细胞的融合，所以是无融合生殖的一种方式，属于广义的无性生殖范畴。如果人为地取下植物体的部分营养器官或组织，在离体条件下培养成新植株，则称人工营养繁殖。

植物有性繁殖的后代具备双亲的遗传特性容易发生变异，而营养繁殖则不然，如高度杂合的木本多年生植物（如果树），通过人工营养繁殖可保持母本的优良遗传性状。营养繁殖实质上是通过母体细胞有丝分裂产生子代新个体，后代一般不发生遗传重组，在遗传组成上和亲本是一致的。

不同植物类群有不同的繁殖方式。低等植物通过孢子（无性孢子）或植

物体碎片和裂片形成新个体。有些苔藓植物表面可以产生一种特殊器官——胞芽杯，由它长出绿色胞芽。胞芽成熟后从植物体上脱落，遇到适当条件便可长成新的配子体。

种子植物的茎段，是多数植物繁殖的有效器官。例如，草莓属的匍匐茎，即一种细长而沿着地表生成的茎，是从莲座状叶腋中长出的，它的每个节都可以长出新的植株。用这种方式繁殖的还有蛇莓、狗芽根、白三叶草、筋骨草和虎耳草等。许多草本多年生植物可通过变态的茎繁殖，如鳞茎、球茎、块茎和根状茎，这些变态茎具有贮藏食物的功能，也是营养繁殖的器官。鳞茎实际上是短而膨大的竖立苗端，肉质叶鳞包围其生长点和花原基。由叶鳞腋间产生小鳞茎，最终脱离母鳞茎形成新植株。这种繁殖方式见于洋葱、水仙、郁金香、风信子、百合、大蒜和贝母等。有的百合叶腋可以长出零余子，即小鳞茎，又叫珠芽，它脱离母体后可以长成一个新植株。唐菖蒲、藏红花和小苍兰贝的茎是球茎。唐菖蒲球茎上有 4 个芽原基，这些芽原基在适当条件下可以发育形成新球茎，以后老球茎开花后死亡。在每个新球茎周围，又可长出一些大小不同的小球茎，当它们生长 1 ~ 2 年以后也可达到开花阶段。块茎为肉质地下茎缩短膨大的产物，把具芽眼的马铃薯块茎切成小块栽培时，从芽眼可长出苗，再由苗端下部长出不定根。根状茎是地下水平生长的主茎，具节和节间，叶、花轴和不定根等可从节上发生。如鸢尾、美人蕉、竹子和有毒杂草、阿拉伯高粱等都有根状茎。许多重要经济植物如香蕉、姜、蕨类和某些禾本科植物也是靠根状茎繁殖的。

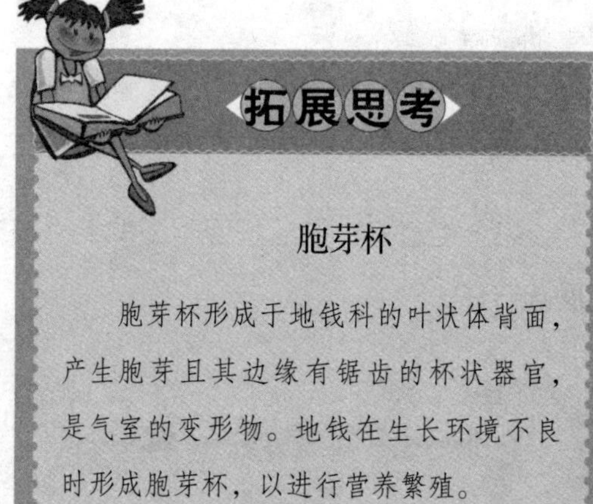

拓展思考

胞芽杯

胞芽杯形成于地钱科的叶状体背面，产生胞芽且其边缘有锯齿的杯状器官，是气室的变形物。地钱在生长环境不良时形成胞芽杯，以进行营养繁殖。

根是营养繁殖的另一种重要器官。例如：玫瑰、杨树、覆盆子和悬钩子等植物的水平根系上可产生不定芽（根出条），并可以陆续发育出新植株。每个带新根的苗都可移植成株。块根为膨大肉质的变态地下根。如果把白薯可食部分的块根放在苗床上，可长出不定芽，由不定芽茎部长出不定根，种植后由不定根又可膨大形成新的块根。

叶和芽也能繁殖。如落地生根的肉质叶缘每一缺口都能产生“胚”，这种胚发育到一定程度，小苗就可落地生根，并发育为独立的新植株。过山蕨和鞭叶铁线蕨的叶轴顶端尖细，并延伸成鞭状，着地后即可生根，长出新的植株。浮萍和凤眼蓝等水生植物还可由叶子茎部的侧芽产生新植株。龙舌兰在开花死后，新植株可由老叶的腋芽产生。

假胎生

受精卵在母体子宫内发育，胚胎发育所需要的营养物质主要来自卵黄，同时子宫内膜与卵黄囊膜形成类似胎盘的结构，母体与胚胎可发生物质上的交换，最后以幼体的形式产出体外，这种生殖方式称为假胎生。

著名的例子有伊乐藻（只存在一个性别的雌雄异株的种）、水剑叶、黑藻等，以及浮萍科的某些种，它们在北欧完全是营养繁殖，在别处却是正常的有性繁殖。假胎生现象是一种繁殖体发生在花内部而且代替了花的营养繁殖方式，在虎耳草属、龙舌兰属、葱属、蓼属以及禾本科的早熟禾属和羊茅属等属内很有名。但其中有些种在同一花序上兼有有性的和假胎生的花（如拳参和薤白）。

（2）无融合结籽。无融合结籽包括用无性方法产生胚胎和种子的任何类型，其特点是绕过减数分裂和受精，因此最后形成的胚胎的染色体数目和基因型与母株完全一样。大致有以下 3 种方式：①不定胚生殖。胚胎直接由作为二倍性孢子体母体组织的珠心或珠被产生，完全避开配子体阶段。以柑橘

属为最著称，还发生在冬青叶山麻杆、甜味大戟、齿叶金莲木、蒲桃、桃叶野扇花、橙黄仙人掌，以及玉簪属、葱属和绶草属等植物内。②无孢子生殖和双倍孢子生殖。前者是由珠心或内珠被营养细胞经过多次体细胞分裂而直接产生胚囊；后者是胚囊虽由大孢子母细胞产生，但产生过程中或根本没有减数分裂，或减数分裂大为变样，以致染色体不进行配对或减数。从形态学观点看，这两种无融合生殖方式仍有孢子体与配子体的世代交替，但因绕过减数分裂而使配子也是二倍性的。③假受精。通过授粉作用与花粉管发生使卵受雄配子的刺激后形成种子，但雄核绝不与卵融合，所以种子后代的基因型与母株相同。

基本小知识

无性系

无性系是以树木单株营养体为材料，采用无性繁殖法繁殖的品种（品系）称无性系品种（品系），简称无性系。

无融合生殖按其在个体发生上的不同程度又可分为专性无融合和兼性无融合两大类。前者是指整个植株完全是无融合生殖的（如大蒜），后者是指同一植株上既有无融合生殖又有有性生殖（如薤白和拳参）。由于兼性无融合的有性过程能产生一系列新的无性系，从而在新、老无性系之间形成一种异常复杂的关系：虽有稳定的性状区别，但这种区别非常微小，以致很难作为分类的依据。再有，因无融合生殖常与种间杂交和多倍化现象密切相关，使变异式样更为复杂，形成被称为“无融合复合种”的，分类学上十分困难的类群，如还阳参属、早熟禾属、委陵菜属、悬钩子属、银胶菊属、蒲公英属和山柳菊属等。

植物的进化和延续

◎ 植物的特征及进化过程

根据以上的介绍，我们可以认识到，自地球具备生命出现的自然条件以来，植物界通过自身适应环境和气候成长以及代代相传的方式，使物种自身逐步产生变异，从而起到推动植物物种不断进化，向更高等的生命形态层级发展，逐步形成了地球上种类繁多、千奇百态的植物世界。由于植物有它处在不同地理环境的自然产生和繁殖后代的遗传能力，这就导致出现了各种各样的植物类型。不同层次和不同种类的植物，为地球共同创造了一个美丽而庞大的植物生命网络。

地球上的植物

植物分为水生植物和陆生植物两大类，水生植物也有适应咸水生长和淡水生长之分。地球上所有的植物生长形态都是受到地球不同的气候、环境，包括水质、土质、温度高低、空气成分和风力大小，以及高原、平原、山地、丘陵和盆地不同的地理位置等因素所影响的。植物在成长与进化的过程中，由于上述生存条件的差异，其后所形成的植物体形、体态、物种和品种都不同。所以，在地球上所生长的植物是品种繁多、千奇百态和不可胜数的。根据植物学家的统计和预测，目前在地球上所生存的植物种类大约有 50 万种。

基本特征

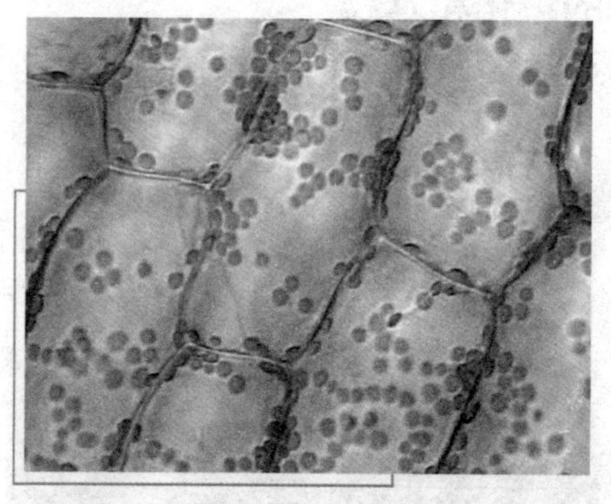

植物细胞

要了解植物的演化过程，我们首先来看看植物生长的特征。各类植物之间的共同特征是本身能合成食物，为自养生物。所有的植物都是含有多种功能细胞组织的真核生物。

（1）植物是自养生物。植物是太阳能的食品加工厂，也是由无机物质转变为有机物质的加工制造基地，是有机物的“缔造者”。植物的加工制造过程称为光合作用。在光合作用的过程中，植物能利用二氧化碳和水合成糖分食物并向空气中输送新鲜氧气。这个过程中就发生了一系列复杂的物理化学反应。阳光的热能为整个过程提供了物理化学反应的能量来源。由于植物是靠自己制造糖分食物来达到自行消化的，所以，称它们为自养生物。

（2）植物细胞。植物是真核生物。植物细胞被一层细胞壁包裹。细胞壁是一个边界，它能将细胞膜包围起来，使细胞与环境分隔开来。植物的细

拓展阅读

液　泡

植物细胞中由单层膜围成的储存水、离子和营养物质（如葡萄糖，氨基酸等）的细胞器。膜上含有各种转运蛋白。细胞核就被液泡所分割成的细胞质索悬挂于细胞的中央。具有一个大的中央液泡，是成熟的植物生活细胞的显著特征，也是植物细胞与动物细胞在结构上的明显区别之一。

胞壁大部分是由纤维素构成的，这是一种能使细胞壁更为坚固的化合物。

植物细胞还含有称为叶绿体的物质。叶绿体看上去就像一颗颗绿色的小豆子，糖分食物就是在叶绿体内合成的。植物细胞还含有液泡，这是一个呈囊状的“仓库”。液泡中储存着其他物质，包括水、废物和食物。当水进入液泡时，液泡就会像气球一样鼓起，而水离开液泡后，它就会自然缩小。植物的液泡如果失水过多，会直接影响植物个体的生命。

植物是多细胞生物，因而植物不同物种的大小差别很大。植物无论大小，它的细胞都会形成不同性能的组织，这是植物体内执行某些特殊功能的、相类似的细胞所构成的、能适应所处的自然环境与气候而生存的分工与组合。

进化的基本过程

我们来看看植物从低级向高级演化的基本过程。自从原生物走进植物的行列之后，植物就以藻类的生存形态向海洋和陆地延伸、繁衍。藻类植物是以较少量的细胞组合和较少量的多细胞群体组织所组成的，它没有根、茎、叶的分化，生育不经胚胎发育过程。繁殖后代是以细胞裂殖或配子结合等方式来进行的。藻类植物只能生长在水中或占水分较多的湿地处。它是植物发展的最低层次，是形成植物的初级生命形态，也是简单植物出现的过渡性物种。

基本小知识

配　子

配子是指生物进行有性生殖时由生殖系统所产生的成熟性细胞。

配子在生物计算中占有相当重要的地位，通过遗传图，能够清楚地观察出基因的流程及子代基因型的情况。

在上述基础上，植物继续繁衍与进化，逐步出现了简单的植物类型，初

进化环境

步形成了简单而初级的生殖器官，形成了简单的根、茎、叶分化和简单的维管组织。根系能扎入较深的土壤中吸收水分和无机盐，茎和叶高高举起，能更好地进行光合作用。初步具备了获取水分和其他营养物质的功能，保持水分的功能，运输养料的功能，支撑自身成长的功能，负重的功能以及繁殖后代的功能等。简单植物是逐步形成种子植物的必然发展阶段，同时也是复杂植物的初级阶段。它是脱离了藻类植物，而逐步向较深的海洋与陆地、平原、山脉延伸演化做好各项基础准备的生命形态，它为形成种子植物打下了坚实的生态基础，是植物自然选择所必然出现的阶段性形态体现，也是形成种子植物的过渡性物种。

不同的植物

在上述基础上，随着时间的推移，植物运用遗传的手段继续繁衍与进化，出现了种子植物类型。种子植物具有成熟的维管组织，能利用种子进行繁殖。所有种子植物都含有成熟的根、茎、叶等器官。种子植物还包括孢子体和配子体世代。维管组织中的细胞壁起到了支持植物机体重力和生长的作用，水分、食物及营养物质都是通过维管组织输送到植物体内的各种功能器官上，使植物呈良性生长。在陆地上，种子植物数量庞大的一个重要原因是它们能产生出种子，种子是能够将自身物种遗传的延续物包被在一层保护组织内的器官。我们知道初级植物要在水中才能完成受精作用，而种子植物就不需要依赖水，它可以在任何不同的陆地环境中进行繁殖。这是因为精子细胞被直接输送到靠近卵子细胞的区域里，当精子细胞与卵子细胞结合后，种子就开始萌芽发育并能保护着新生的植物幼体避免因失水而死亡。

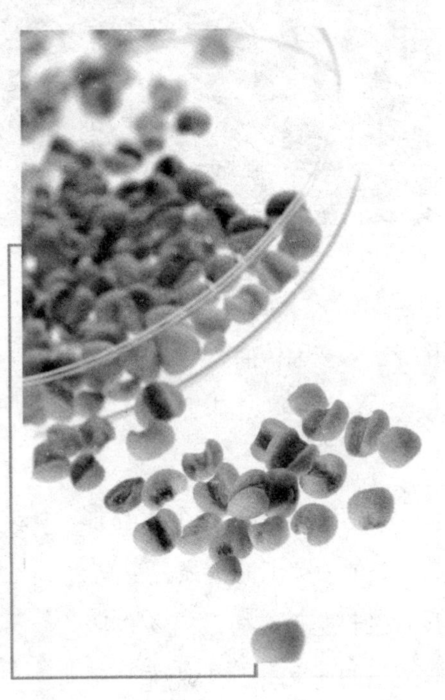
种 子

种子是由胚、胚乳和种皮 3 部分所组成的。种子在其发育成长为新生植物体的过程中，需要大量的阳光能量、水分及营养物质。当植物种子形成后，它们总是向四处扩散，有时常常会远离它上代的“出生地”。当种子落入一个适宜的环境时，它们就会开始萌芽生长。相比于藻类等非种子植物，种子植物在进化等方面具有以下优势：覆盖面大、适应环境和气候变化能力强、生长速度快等；它是适应自然环境和气候变化能力很强的生命形态；能为动物提供优质的食物来源，为动物提供广阔的多姿多彩的生存场所；更能有效、广泛地遗传自身基因。植物生命网络的逐步形成，能实现地球上的无机物质向有机物质的不断转变，为地球做好生产和积累碳化物打下了一个坚实的基础。

◎ 植物的本能

在整个植物世界里，存在着各种各样不同类型的物种和品种。它们的形成需要经过漫长的进化演变过程，有些物种甚至需要千万年以上的进化时间，才会形成我们今天所见到的生长形态。植物的进化过程，都是围绕着地球的

植物世界

自然环境和气候的变化而不断适应并产生变异的过程。所有在今天仍然存活着的植物，都是具有坚强的求生意志和求生能力的物种，都是优胜劣汰的产物。植物的本能体现为：适应自然环境变化的求生存能力。其表现形式有3个方面：①强占空间。②适者生存。③基因传播。

强占空间

在植物本能的3个生存形式中，最为突出的是强占空间。没有生长空间，植物就不能吸收太阳的光和热，不能充分吸收地下的水分和矿物质，植物的体积生长因而受到空间的制约。所以植物一定要不断地扩充自身的生存空间，使体积不断地生长壮大，以满足食物、水和地下矿物质以及光合作用的需要。植物物种所占领的空间越大，光合作用就越多，吸纳空气中的二氧化碳（食物）就越多；体积越大，相应的根部就越大，能吸入地下的水分和矿物质就越多，求生存的能力就越强。由于所有植物物种都具有这种天然突出的本能，所以，相同种类植物与不同种类植物之间，就会产生抢占空间的求生存大竞赛。植物在这种竞

拓展阅读

矿物质

矿物质又称无机盐，是人体内无机物的总称。是地壳中自然存在的化合物或天然元素。矿物质和维生素一样，是人体必需的元素。矿物质是无法自身产生、合成的。人体每天矿物质的摄取量也是基本确定的。

争与冲突的过程中，弱者被优胜者所覆盖，而得不到充足的阳光、水分和养分，最终会被自然淘汰出局。

适者生存

植物天生就具有自我调整生态模式、生理特点的能力，以便能适应在不同环境而生存的需要。地球上无论任何地方，植物随时都会面临着从自身所生存的环境，被转移到另一个完全陌生的生态环境中生存的可能。比如，动物、鸟类、昆虫、洪水、台风等都会将植物或植物的种子带离它们原先生长的地方，而到达另一个遥远的、气候和环境完全不同的土地上，植物的生长完全处在一个崭新的生存环境之中。在地球经历了几十亿年的漫长岁月里，不知发生过多少次沧海桑田般的大变化，因而又有多少植物物种能在如此大的变化过程中得以生存下来？当植物被置于全新的生存环境下，它们都会进行适应生态环境变化的自我调整，以不断提高自身适应环境而生存的求生存能力。任何一种植物，当它在竞争中不及其他植物，无法通过竞争来获取足够的水分、养分，或被动物所吃掉时，它们都会进行着适应生存竞争的自我调整；任何一种植物，在自然环境不断变化的成长过程中，要凭借某一种特长而赖以生存时，它们都会进行适应生存竞争与冲突的自我调整，以把自身的竞争优势强化。植物适应生态环境变化和生存竞争的自我调整的方式主要有如下3个方面：

沙漠上的植物

（1）调整自身的生态类型。或直根系，或气根系，或变形根系等。因为这些生态类型的改变，改变了自身的物种类型，或藻类植物，或苔藓植物，

或蕨类植物，或种子植物等。它们能根据自身所处的不同生存环境，又可以演化为湿地类植物、海洋类植物、淡水类植物、草类植物、枝叶类植物、种子类植物、花类植物、藤类植物等。

（2）调整自身的生理特点。向光性、向水性、向气性和向阴性等。因为这些生理特点的改变，改变了自身的生态模式，如耐寒，耐热，耐水，或耐旱等。

知识小链接

气　根

气根是暴露于空气中的根，尤指一种生长在附生植物和与土壤不接触的攀缘植物上的根，但通常有将植物固定于支持物上并常常有光合作用的功能。

（3）调整自身的生态模式。或耐寒，或耐热，或耐水，或耐旱，或耐盐，或耐风吹等。因为这些生态模式的改变，改变了自身物种的生理特点、繁殖方式、代谢方式、形态大小等。

正因为植物物种具有上述几种适应生存竞争的能力，才会形成植物界种类的多样性和相似性的生态现象。地球上不同环境和不同气候的地区，会塑造出与环境相适应的植物种类，从而造就了植物世界的千奇百态。

基因遗传

植物的生长形态是受到物种自身遗传基因（DNA）所决定的。植物天生就有这种本领，它们依靠天生固有的遗传物质，能够继承上一代在适应环境生存过程中所形成的生存能力和生存经验，并通过主根、副根、支根、气根、叶根和种子等遗传下来。那些不能通过调整自身的生理特点或生态模式，不能适应环境变化的植物物种，就只能被大自然淘汰了。所有在今天仍然存活着的植物物种，都是经受了种种生态环境大变化的考验而形成适应能力特强的佼佼者。它们适应环境变化的生存能力，是依靠上一代基因的遗传与其后天适应新的生存环境和气候变化相结合的方法，不断延续与变异进化所形成的。而从另一个方面来说，也正是由于地球上时常发生种种自然环境的大变化，以及植物物种之间的生存竞争与冲突，从而不断地推进自身物种的进化。那些诞生时间越早，经代代相传和存在时间越长的物种，其适应大自然的生存能力就越强，其生命力就越久远。当然，生态环境的作用因素很多，其中还包括动物和人类的人为作用在内。

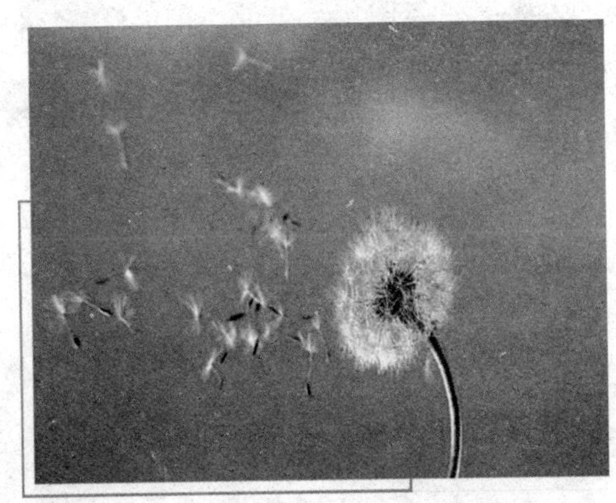

蒲公英种子的传播

基本小知识

遗传基因

遗传基因也称为遗传因子，是指携带有遗传信息的 DNA 或 RNA 序列，是控制性状的基本遗传单位。基因通过指导蛋白质的合成来表达自己所携带的遗传信息，从而控制生物个体的性状表现。

地球上，所有的植物物种都是按照大自然环境的变化规律来求生存的，它们从诞生之日起，就不得不与其他物种在生存空间的竞争中，走上一条永不消逝的争端之路，不得不在环境的不断变化中相应调整自身，以保证自身物种的大量生存与延续。而在这个过程中，植物又通过基因遗传的延续方式，把其适应环境生存过程中所形成的生态类型、生理特点和生态模式以及生存能力和生存经验传播到下一代，从而更能有效地保证自身物种的大量存在与进化，保证了植物物种从低级向高级生态渐进的过渡，能促使植物向更高级的生命形态迈进。所以，在今天仍然存活着的植物进化过程，都是处于在自然选择的不同环境和气候中而求生存的过程，也是植物物种战胜自然、战胜对手、完善自我的过程，更是从低级向高级生态渐变进化的精细而曲折的过程体现。

拓展思考

生殖期

到了青春期，随着生理发育的成熟，于是进入人格发展的最后时期——生殖期。在这个时期，个人的兴趣逐渐地从自己的身体刺激的满足转变为对异性关系的建立与满足，所以生殖期又称两性期。

◎ 植物的延续形式

地球上任何生物物种的进化，最基本的前提是世代之间的不可间断性。如果某一物种在某个时期失去了繁殖生育的能力时，那么，这个物种从此以后就永远不会在地球上出现了。植物的生存形态，由于是相对静止的，所以，植物繁殖后代的普遍方式都基本属于同体繁殖（无性繁殖）。高级种子植物是靠自身生命体所形成的精子和卵子的器官相互靠近，在生殖期通过排出精子使卵子受孕形成种子的方式，来实现其基因遗传的。植物大多数以一年为

草的不断生长

一个生育期，这是植物生育周期的普遍性，但也有它的特殊性。下面来谈谈植物的延续形式。

直接式

直持式是植物物种没有形成种子时的繁衍形态，它有两种传播形式：一是以细胞裂殖和配子结合的方式来进行。初级的藻类植物都是以这种繁殖方式来延续后代的。二是表现为植物细胞的染色体，分别通过主根、支根、气根和叶根等来进行传播。主根是维持植物体而生存的，当初级植物体在冬季死亡后，主根就能储存着此类植物再生的营养要素，当第二年春天到来时，它就会再萌芽生长，形成此类植物生命的延续。支根、气根和叶根都是借助于动物和风或水流等，使其落到其他不同环境的地方，并能继续生长出与其主体相似的植物。初级的简单植物大部分是采用这种方式来实现自身物种延续的。

间接式

间接式也可分为自然式和人为式两种。

（1）自然间接式。在大自然中，植物物种经常会受到风力、暴雨、洪水和各种水流等影响，并产生动力搬运，把各类植物的种子从这个地方转移到另外的地方生根发芽。另外，动物在吃植物的果实、种子和枝叶的过程中，往往能带一些植物体或种子到其他的地方去。尤其是较大体形动物的排泄物内含有各类植物的种子，动物的排泄物本身可作为种子初生时的营养源，使种子更能有效地在异地萌芽生长。还有些动物为了过冬而储存大量的种子食物，使种子能到达异地，当春天到来时，它们也可以萌芽生长。

（2）人为间接式。人类为了美化生活、美化城市，获得优质果实和优质食物来源，建造防洪带、防风带、防水带、防沙带等，主动地、大量地种植相应的植物物种，使其能在人为良性的生存环境下繁衍，这是植物物种基因

传播最快最有效的途径。

授粉式

授粉式是植物比直接式更高层次的延续形式。植物物种在争夺空间时，体积不断壮大，高度不断增加。这些物种由于不能再以主根、支根和叶根的形式繁衍下去，逐步进化成以花粉受精（花粉为精子，花蕊为卵子）的形式来延续生命。

蜜蜂授粉

最初走进陆地生存的初级植物是无花的，主要是依靠根连根来延续后代。当根连根越来越密，没有生长空间时，就自然逼迫其向上生长，不得不采用更为高级的形式（花粉形式）来延续后代，这是植物自然选择的必然发展结果。当然，植物不是一下子就会形成以花粉受精的形式来延续后代的，它们必须经过一段很漫长的演化适应过程。没有种子形成的花类物种的出现，是植物过渡到花粉受精逐步形成种子植物的一种试探性形式，是形成种子植物的基础阶段，是实现种子植物形成的过渡性种类。当种子植物形成之后，它们的花朵能释放出芳香，能吸引昆虫和鸟类，其目的是让昆虫、鸟类间接参与授粉，使植物自身能达到受精作用，从而产生出种子植物的后代。

还有一种形式，就是依靠自然风把花粉吹落到花蕊上，使花蕊受精。

植物通过花粉受精能达到植物物种间接有性繁殖的高级延续形式。在同类的植物物种中，昆虫和鸟类从其花朵取花蜜时，嘴边和身上就带有这棵植物物种的精子（花粉），而又在同一物种的另一棵植物的花朵上取蜜时，就能将精子带到这棵植物花朵的花蕊上，使其受精。这样，就形成了同一物种不同生命体的花粉与花蕊受精，所孕育出来的种子就具有两个生命组合体的基因，是它们基因延续的混合物。从遗传学的角度来看，当然比同体繁殖的生命体优胜，这样就能实现植物间接有性繁殖和不断进化的目的。另外，有些种子的种皮具有承风和释放种子的功能作用，当种子成熟后，能将种子推离远处生长，从而使自身物种不断扩大生存覆盖面。

拓展阅读

受 孕

精子和卵子结合叫受孕或受精。受孕过程为：性交时，男方将精液射入女方的阴道内，精子依靠尾部摆动向子宫游去，然后再进入输卵管。男性每次射出的精液中含有数亿个精子，但极大部分精子在阴道酸性环境中失去活力或死亡，只有极少数精子能够克服重重阻力到达输卵管。

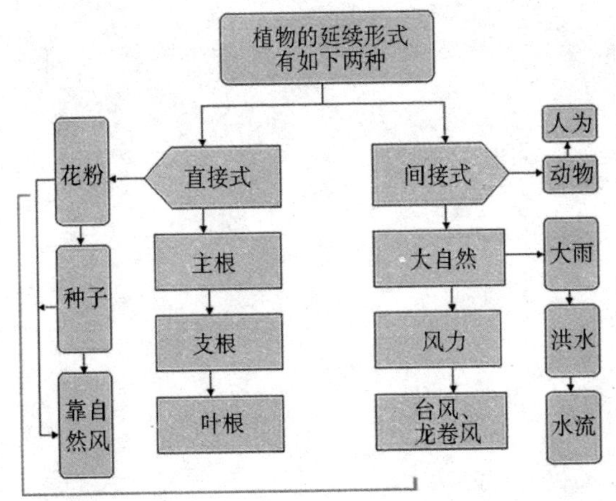

植物的延续形式

地球上所有的植物物种，由于产生的时代不同，自然选择的生态方向不同，自身生长竞争能力的不同，所处的地理位置不同，适应环境与气候的变化不同，物种的延续形式不同，就形成我们今天所看到的不同层次、多姿多彩和多样性的植物世界。

动物的诞生

动物界的历史，就是动物起源、分化和进化的漫长历程，是一个从单细胞到多细胞，从无脊椎到有脊椎，从低等到高等，从简单到复杂的过程。最早的单细胞的原生动物进化为多细胞的无脊椎动物，逐渐出现了脊椎动物，从原始的两栖动物继续进化，出现了爬行类。大自然的奥妙令人惊叹，本章将详细地为同学们揭示动物的起源和进化的全过程，让我们一起来领略大自然这个创造师的神奇吧！

动物的起源

约在6.1亿年前，最早的单细胞的原生动物进化为多细胞的无脊椎动物，逐渐出现了海绵动物门、腔肠动物门、扁形动物门、纽形动物门、线形动物门、环节动物门、软体动物门、节肢动物门、棘皮动物门。由没有脊椎的棘皮动物往前进化出现了脊椎动物，最早的脊椎动物是圆口纲，圆口纲在进化的过程中出现了上下颌、从水生到陆生。两栖动物是最早登上陆地的脊椎动物。虽然两栖动物已经能够登上陆地，但它们仍然没有完全摆脱水域环境的束缚，还必须在水中产卵繁殖并且度过童年时代。从原始的两栖动物继续进化，出现了爬行类。爬行动物可以在陆地上产卵、孵化，完全脱离了对水的依赖性，成为真正的陆生动物。爬行类及其以前的动物都属于变温动物，它们的身体会变得冰冷僵硬，这个时候它们不得不停止活动进入休眠状态。然后爬行类动物进化为鸟类，成为了恒温动物，不必进入休眠状态，最后进化成胎生动物哺乳类动物，而人是哺乳类动物中最高级的动物。

基本小知识

恒温动物

恒温动物是指鸟类和哺乳类动物，因为体温调节机制比较完善，能在环境温度变化的情况下保持体温的相对稳定。

无脊椎动物

◎发展起源

地球上无脊椎动物的出现至少早于脊椎动物1亿年。大多数无脊椎动物化石见于古生代寒武纪，当时已有节肢动物的三叶虫及腕足动物。随后发展了古头足类及古棘皮动物的种类。到古生代末期，古老类型的生物大规模绝灭。中生代还存在软体动物的古老类型（如菊石），到末期即逐渐绝灭，软体动物现代属、种大量出现。到新生代演化成现代类型众多的无脊椎动物，而在古生代盛极一时的腕足动物至今只残存少数代表（如海豆芽）。

拓展思考

棘皮动物

棘皮动物是海生无脊椎动物，除部分营底栖游泳或假漂浮生活外，多数营底栖固着生活，常是某些底栖群落中的优势种，化石类别和种类极多，除现生6纲外，另有15纲之多，始见于早寒武世。

无脊椎动物包括：原生动物、扁形动物、腔肠动物、棘皮动物、节肢动物、软体动物、环节动物、线形动物八大类。所以无脊椎动物占世界上所有动物的90%以上。我们现在就以其中有代表性的类别进行研究。

◎原生动物

原生动物亚界的物种统称，包括一大群单细胞的真核（拥有明确的细胞

核）生物。原生动物是最简单的生物之一。虽然构成一个亚界，但它们相互之间并不一定有亲缘关系。从生物学的观点来看，它们并非属于一个自然的类群，而只是将一大批生物体集合起来而已。已经记述的原生动物有65 000 多种，其中一半以上为化石。现存的原生动物约 3 万种。

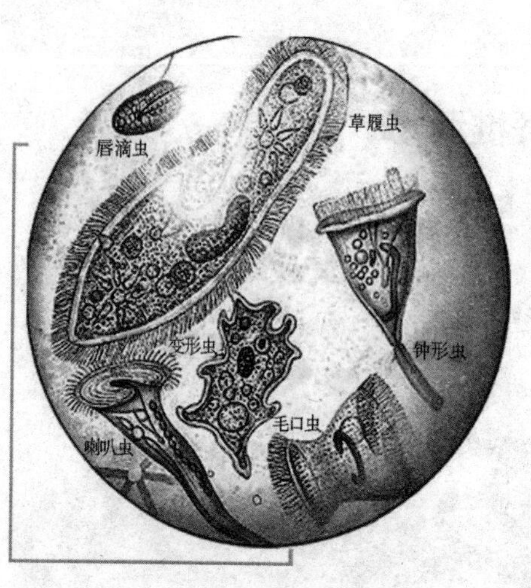

原生动物

原生动物无所不在，从南极到北极的大部分土壤和水生栖地中都可发现其踪影。大部分原生动物用肉眼看不到。许多种类与其他生物体共生，现存的原生动物中约 1/3 为寄生物。现代的电子显微镜技术和新的生化和遗传学技术，有助于人们认识各种原生生物物种和类群之间的关系。

原生动物的生物学特征

原生动物绝大多数由单细胞构成，少数种类是单细胞合成的群体。在五界分类系统中，常将原生动物单独归属于原生生物界。它主要有以下特征：

刺丝泡

原生动物在表膜之下有一些小杆状结构，整齐地与表膜垂直排列，有孔，开口在表膜上，此为刺丝泡。

（1）体形微小。原生动物的大小一般在几微米到几十微米之间。可是，也有少数原生动物比较大。如蓝喇叭虫和玉带虫，体长可达1 ~3厘米。还有一种货币虫，它的外壳直径为 16 厘米。

（2）一般由单细胞构成，有些种类是群体性的。单细胞的原生动物整个身体就是一个细胞，作为完整有机体，它们同多细胞动物一样，有各种生命功能，诸如应激性、运动、呼吸、摄食、消化、排泄以及生殖等。单细胞的原生动物当然不可能有细胞间的分化，而是出现细胞内分化，由细胞质分化出各种细胞器来实现相应的生命功能。例如用来运动的有鞭毛、纤毛、伪足，摄食的有胞口、胞咽，防卫的有刺丝泡，调节体内渗透压的有伸缩泡等。

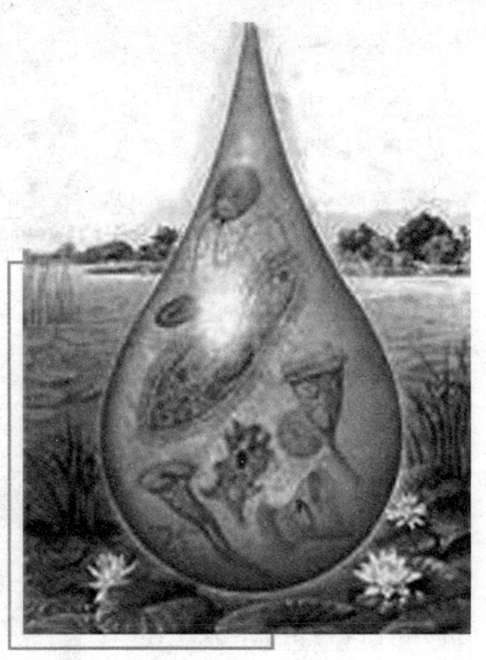

早期原生动物

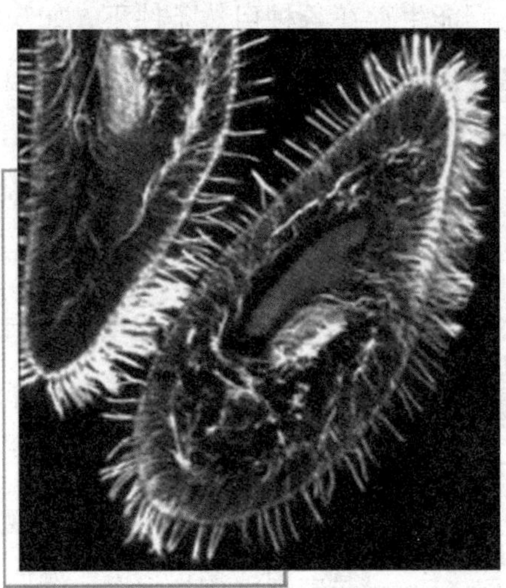

简单的原生动物

有些原生动物是群体性的，但一般组成群体的细胞之间并不分化，各个个体保持自己的独立性。

（3）原始性。一般讲原生动物是最低等、最原始的动物，指的是它们的形态结构和生理功能在现有各类动物中是最简单、最原始的，反映了动物界最早祖先类型的特点。从原生动物可以推测地球上最早的动物祖先的面目。现在生存的各类原生动物，是经历了亿万年进化而演变成的现代种。因此，切不可把现在的原生动物看做

是其他各类动物的原始祖先。

（4）具有3种营养方式。一是植物性营养，又称光合营养，如绿眼虫等。二是动物性营养，又称吞噬营养，如变形虫、草履虫等。三是渗透性营养，又称腐生营养，如孢子虫、疟原虫等。

拓展阅读

体 液

机体含有大量的水分，这些水和溶解在水里的各种物质总称为体液，约占体重的60%。体液可分为两大部分：细胞内液和细胞外液存在于细胞内的称为细胞内液，约占体重的40%。存在于细胞外的称为细胞外液。

（5）当遇到不良条件时，它们形成包囊，把自己同不良的外界环境隔开，同时新陈代谢的水平降得很低，处于休眠状态。等到有合适的环境条件，又会长出相应的结构，恢复正常的生活。

另外，原生动物的适应性很强，它们能生存在各种自然条件下，如淡水、咸水、温泉、冰雪以至于植物的浆液，动物和人类的血液、淋巴液和体液等。

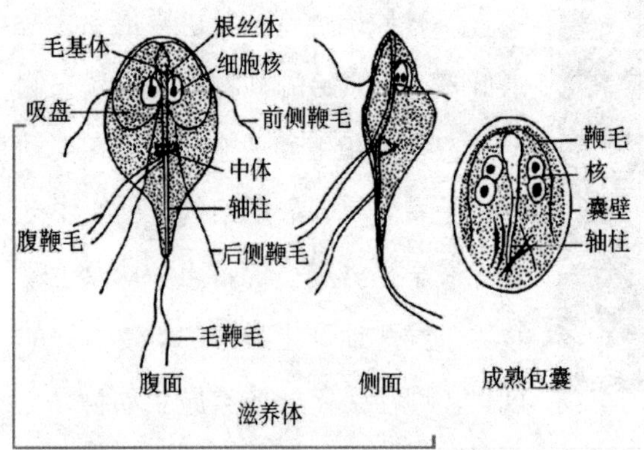

各种原生动物

原生动物的分类

在原生动物门里，根据运动胞器、细胞核以及营养方式可以分成4个纲：

（1）鞭毛虫纲。运动胞器是一根或多根鞭毛，例如绿眼虫、衣滴虫。

（2）肉足虫纲。运动胞

器是伪足，伪足兼有摄食功能，例如大变形虫。

(3) 孢子虫纲。没有运动胞器，全部营寄生生活，例如间日疟原虫。

(4) 纤毛虫纲。运动胞器是纤毛，有两种细胞核，即大核和小核，大核与营养有关，小核与生殖有关，例如尾草履虫。

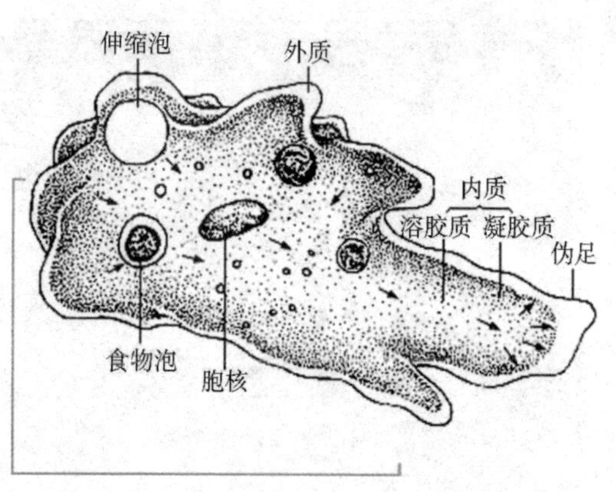

大变形虫

原生动物的繁殖

原生动物是无性繁殖的，不需要交配或性细胞器官。对大多数自由生活的物种而言，无性繁殖通过二分裂过程实现，即每次繁殖都是由一个母细胞分裂为两个完全相同的子细胞。包括寄生物种在内的鞭毛虫都是纵向分裂的；而纤毛虫的分裂通常则是横向的，并且在细胞质分裂前其口部已经先分裂了；根足门、辐足门和粒网门的生物通常则没有固定的分裂方式。有壳物种的分裂由于需要复制其骨骼结构，因此过程更加复杂。变形虫的有壳物种——如沙壳虫——将被分入子细胞的细胞质从母细胞外壳的小孔中挤出来，细胞质中预先形成的薄片就包裹在挤出的细胞质周围，形成新的壳质，这样就完成了整个分裂过程并形成两个单独的变形虫。

大多数自由生活的物种一般都在有利于无性繁殖的环境中生存，有性繁殖通常只是它们在不利环境中的一种手段而已，如当水生介质的枯竭导致普通细胞无法生存的时候。在变形虫和鞭毛虫中，只有有限物种具有进行有性繁殖的能力；有的物种在其进化史中可能从未进行有性繁殖，而其他物种则可能已经丧失了交配能力。原生动物的有性繁殖既包括同配生殖（性细胞或配子相似），也包括更高级的异配生殖（性细胞或配子不同）。

知识小链接

变形虫

变形虫是一种单细胞生物，属原生动物，主要生活在清水池塘，或在水流缓慢、藻类较多的浅水中，一般泥土里也可找到，亦可成寄生虫寄生在其他生物里面。由于变形虫身体仅由一个细胞构成，没有固定的外形，可以任意改变体形，因此得名。

有孔虫是自由生活的物种中少见的同时具有无性和有性繁殖后代的物种，它们的每个生物体通过无性繁殖产生许多变形虫状的生物体，这些生物体能分泌出围绕在其周围的壳质。当它们发育成熟时，将许多同样的配子释放到海洋中。这些配子彼此成对结合，分泌出壳质并发育成熟，又重复上述过程。

几乎所有的纤毛虫都能进行有性繁殖，这个过程称为配对，但这种方式不能形成其数量的立即增加。配对有助于不同个体间遗传物质的交换。

◎ 软体动物

起源与演化

关于软体动物的起源有两种说法：一种认为软体动物起源于扁形动物；另一种认为软体动物和环节动物是从共同的祖先进化来的，只是由于在长期进化过程中各自向着不同的生活方式发展，所以，最后形成两类不同体形的动物。后一种说法理由比较充分，因为许多海产软体动物的种类在胚胎发育过程中也向许多环节动物一样具有一个担轮幼虫阶段。再加上两类动物发育都有卵裂，在成体中某构改造上有共同的地方。例如，排泄器官基本属于后肾管型、体腔都是次生的。

基本小知识

卵裂

卵裂是指受精卵的早期分裂。卵裂期内一个细胞或细胞核不断地快速分裂，将体积极大的卵子细胞质分割成许多较小的有核细胞的过程叫做卵裂。

这个共同的祖先，一部分向着适应于活动的道路发展，形成了体节、疣足及发达的头部，这就是环节动物；另一部分向着适应于比较不活动的道路发展，就产生了保护用的外壳和许多不适于运动的构造，如分节现象和头部或不出现或退化。同时，也发展了一些软体动物所特有的结构——外套膜。软体动物各类群之间由于差别较大，并没有更明显的差别来很好地说明彼此间的亲缘关系。

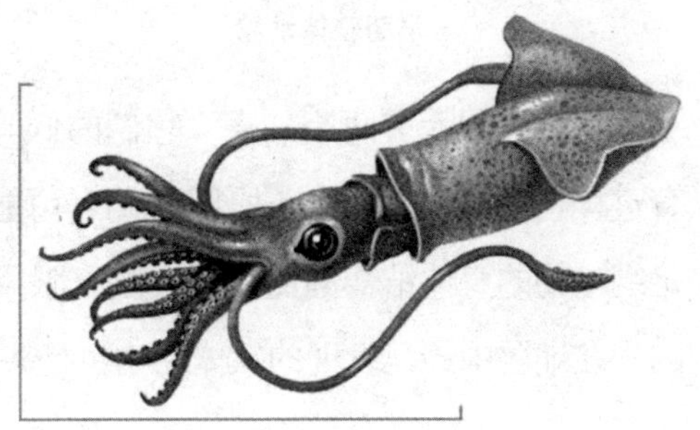

软体动物

在软体动物中，双神经纲是比较原始的，因为它的体形左右对称、次生体腔比较发达，保留着原始的梯形双神经系统。腹足纲是比较低等的类群，因为它具有类似环节动物的担轮幼虫或相似的面盘幼虫阶段。瓣鳃纲动物最显著的特征为呼吸系统的鳃是瓣状鳃。以现生的河蚌为例，每一片瓣状鳃就是一个鳃瓣，它是由两片鳃小瓣构成的，在外侧的一片称外鳃小瓣，在内侧的一片称内鳃小瓣。每一鳃小

外套膜

外套膜是软体动物、腕足动物以及尾索动物覆盖体外的膜状物。外套膜与身体间形成外套腔，便于水流进出，有辅助摄食、呼吸、生殖和游泳等功能。

早期软体动物

瓣有许多的鳃丝构成，在鳃丝表面有纤毛，内部有血管，还有许多的小孔。在鳃小瓣之间的空隙由瓣间隔的横膈膜分隔开，形成许多鳃水管。由于纤毛的摆动，水由进水管进入外套膜后，由入鳃小孔进入鳃水管，再上升到鳃上腔，最后经过出水管流出体外。这类动物具有两个外套膜，因而有两瓣外壳，它们的低等种类足的底部宽平，匍匐而行，发育过程也出现担轮幼虫，所以它们有可能与腹足类出自一个共同的祖先。头足纲动物的身体结构高度发达，脑、眼及循环系统等都是软体动物中最进化的，在地层中最早发现的软体动物也是头足动物。

种　类

软体动物种类繁多，生活范围极广，海水、淡水和陆地均有。已记载有 13 万多种，仅次于节肢动物。软体动物的结构进一步复杂，机能更趋于完善，它们具有一些与环节动物相同的特征：次生体腔，后肾管，螺旋式卵裂，个体发育中具有担轮幼虫等。因此，一般认为软体动物是由环节动物演化而来的，朝着不很活动的生活方式较早分化出来的一支。

乌　贼

软体动物体外大都覆盖有各式各样的贝壳，故通常又称之为贝类。由于它们大多数贝壳华丽，肉质鲜美，营养丰富，又较易捕获，因此，远在上古渔猎时期，就已被人类利用。其中不少可供食用、药用、农业用、工艺美术业用，也有一些种类有毒，能传播疾病，危害农作物，损坏港湾建筑及交通运输设施，对人类有害。

拓展思考

后肾管

后肾管是环节动物等真体腔动物的排泄器官。后肾管来源于中胚层，体腔上皮向外突出形成的排泄器官，基本结构由肾孔、排泄管、肾口组成。肾口开口于体内，肾孔开口于体外。后肾管除排泄体腔中的代谢产物外，因肾管上密布微血管，故也可排除血液中的代谢产物和多余水分。

软体动物包括在生活中为人们所熟悉的腹足类，如蜗牛、田螺、蛞蝓；双壳类的河蚌、毛蚶等；头足类的乌贼（墨鱼）、章鱼等；以及沿海潮间带岩石上附着的多板类的石鳖等。它们在形态上存在着很大的差异，例如它们的体形或者对称，或者不对称；体表或者有壳，或者无壳；壳或者是一枚或二枚或多枚。但根据现存种类的比较形态学的研究、胚胎学的研究，以及早在寒武纪就已出现的化石的古生物学研究发现：所有的软体动物是建立在一个基本的模式结构上，这个模式就是人们设想的原软体动物，也就是软体动物的祖先模式，由原软体动物再发展进化成各个不同的纲。所以原软体动物代表了所有软体动物的基本特征。

胚胎学

胚胎学是研究动物个体发育过程中形态结构的变化，叙述怎样从一个受精卵发育成胚胎，从而了解各种动物发育的特点和规律的生物学分支学科。也可广义地理解为研究精子、卵子的发生、成熟和受精，以及受精卵发育到成体的过程的学科。

根据对现存动物的研究，人们设想由原软体动物经过身体的前后轴与背腹轴的改变，足、内脏囊及外套腔的移位，而形成了现存各个纲的动物结构特征。

主要特征

软体动物的形态结构变异较大，但基本结构是相同的。身体柔软，具有坚硬的外壳，身体藏在壳中，以获得保护。由于硬壳会妨碍活动，所以它们的行动都相当缓慢。不分节，可区分为头、足、内脏团3部分，体外被套膜，常常分泌有贝壳。足的形状像斧头，具有两片壳，如牡蛎。

平衡胞

平衡胞亦称平衡囊、耳胞、听胞等。无脊椎动物的平衡器官。

人们推测原软体动物出现在前寒武纪，生活在浅海，身体呈卵圆形，体长不超过1厘米，两侧对称，头位于前端，具一对触角，触角基部有眼。身体腹面扁平，富有肌肉质，形成适合于爬行的足。身体背面覆盖有一盾形外凸的贝壳，保护着整个身体。贝壳最初可能仅由角蛋白形成，称为贝壳素，以后在贝壳素上沉积碳酸钙，增加了它的硬度。贝壳下面是由体壁向腹面延伸形成的双层细胞结构的膜，称外套膜。它具有很强的分泌能力，贝壳即由外套膜所形成。外套膜下遮盖着内脏囊。身体后端、足的上方与内脏囊之间出现了一个空腔，

海中的软体动物

即为外套腔，它与外界相通。外套腔中有许多对进行呼吸作用的鳃，以及后肾、肛门、生殖孔的开口。原始的种类发育过程中仅经过担轮幼虫，大多数现存的软体动物担轮幼虫时期很短，其后进入面盘幼虫期。面盘幼虫时出现了足、壳、内脏等结构。推测原软体动物没有面盘幼虫期，它由担轮幼虫失去口前纤毛轮，变态为成体，并开始在海底营底栖生活。

身体的划分

（1）头部。位于身体的前端。运动敏捷的种类，头部分化明显，其上生有眼、触角等感觉器官，如田螺、蜗牛及乌贼等；行动迟缓的种类头部不发达，如石鳖；穴居或固着生活的种类，头部已消失，如蚌类、牡蛎等。

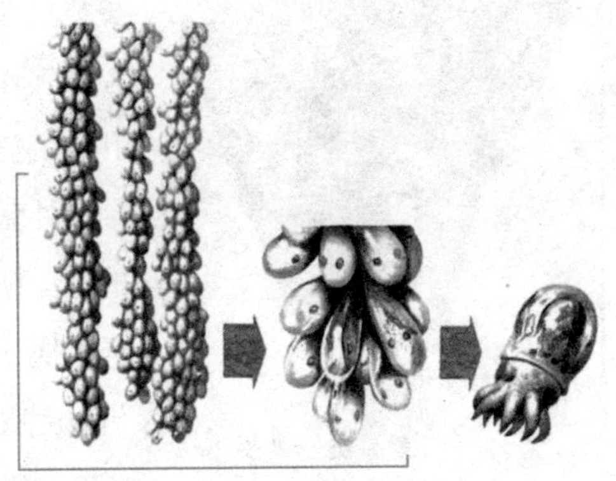

软体动物的成长

（2）足部。通常位于身体的腹侧，为运动器官，常因生活方式不同而形态各异。有的足部发达呈叶状、斧状或柱状，可爬行或掘泥沙；有的足部退化，失去了运动功能，如扇贝等；固着生活的种类，则无足，如牡蛎；有的足已特化成腕，生于头部，为捕食器官，如乌贼和章鱼等，称为头足；少数种类足的侧部特化成片状，可游泳，称为翼或鳍，如翼足类。

基本小知识

鳍

鳍是指鱼类和某些其他水生动物的类似翅或桨的附肢，起着推进、平衡及导向的作用。按其所在部位，可分为背鳍、臀鳍、尾鳍、胸鳍和腹鳍。

螺 类

(3) 内脏团。为内脏器官所在部分，常位于足的背侧。多数种类的内脏为左右对称，但有的扭曲成螺旋状，失去了对称形，如螺类。

外套膜

为身体背侧皮肤褶向下伸展而成，常包裹整个内脏团。外套膜与内脏团之间形成的腔称外套腔。腔内常有鳃、足以及肛门、肾孔、生殖孔等开口。

外套膜由内外两层上皮构成，外层上皮的分泌物能形成贝壳，内层上皮细胞具纤毛，纤毛摆动，造成水流，使水循环于外套腔内，借以完成呼吸、排泄、摄食等。左右两片套膜在后缘处常有1~2处愈合，形成出水孔和入水孔。有的种类出入水孔延长成管状，伸出壳外称为出水管和入水管。

贝 壳

体外具贝壳为软体动物的重要特征，因此研究软体动物的学科又称贝类学。大多数软体动物都具有1~2个或多个贝壳，形态各不相同。有的呈帽状，螺类为螺旋形，掘足类为管状，瓣鳃类为瓣状。有些种类的贝壳退化成内壳，有的无壳。贝壳有保护柔软身体的功能。

贝壳的成分主要是碳酸钙和少量的壳基质，这些物质是由外套膜上皮细胞分泌形成的。贝壳的结构一般可分为3层，最外一层为角质层，很薄，透明，有光泽，由壳基质构成，不受酸碱的侵蚀，可保护贝壳。中间一层为壳层，又称棱柱层，占贝壳的大部分，由角状的方解石构成。最内一层为壳底，即珍珠质层，富光泽，由叶状霰石构成。外层和中层为外套膜边缘分泌形成，可随动物的生长逐渐加大，但不增厚；内层为整个套膜分泌而成，可随个体的生长而增加厚度。珍珠就是由珍珠质层形成的。当外套膜受到微小砂粒等异物侵入刺激，受刺激处的上皮细胞即以异物为核，陷入外套膜的上皮之间结缔组织中，陷入的上皮细胞自行分裂形成珍珠囊，囊即分泌珍珠质，层复一层地将核包围逐渐形成珍珠。据史料记载，公元前2200多年，我国就有淡水育珠。广西合浦育珠自古就很有名，开始于汉代。

拓展阅读

角质层

角质层是表皮最外层的部分，主要由15～20层没有细胞核的死亡细胞组成。当这些细胞脱落时，底下位于基底层的细胞会被推上来，形成新的角质层。以人类的前臂为例，每平方厘米表皮在每小时会有1 300个角质层细胞脱落，形成微尘。会脱落的角质层外层又称为分离层。

你知道吗

珍珠囊

在珍珠形成过程中，珍珠母贝外套膜小片外侧上皮细胞沿着珠核表面移动并进行增殖，逐渐形成包围珠核、分泌珍珠质的囊状构造。

角质层和棱柱层的生长非连续不断的，由于食物、温度等因素影响外套膜分泌机能，故贝壳的生长速度是不同的。因此，在贝壳表面形成了生长线，表示生长的快慢。

消化系统

软体动物的消化管发达，少数寄生种类退化。多数种类口腔内具颚片和

齿舌，颚片一个或成对，可辅助捕食。齿舌是软体动物特有的器官，位于口腔底部的舌突起表面，由横列的角质齿组成，似锉刀状。摄食时齿舌做前后伸缩运动以刮取食物。齿舌上小齿的形状和数目，在不同种类间各异，为鉴定种类的重要特征之一。小齿横排，许多排小齿构成齿舌。每一横排有中央齿一个，左右侧齿一对或数对，边缘有缘齿一对或多对。

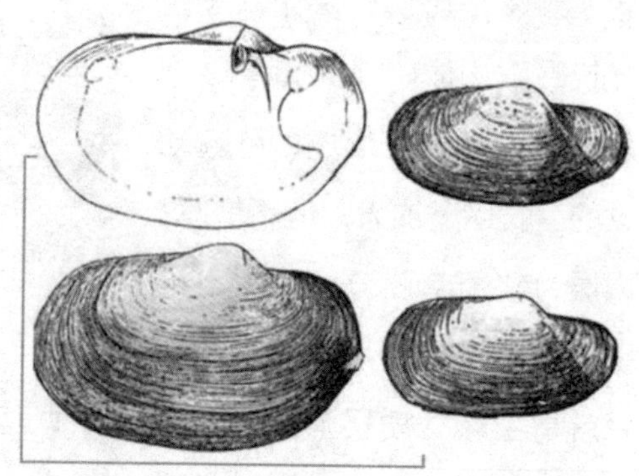

贝　壳

体腔和循环系统

软体动物的次生体腔极度退化，残留围心腔及生殖腺和排泄器官的内腔。初生体腔则存在于各组织器官的间隙，内有血液流动，形成血窦。

知识小链接

血循环

血循环：左心室——主动脉——各级动脉——组织间的毛细血管网——各级静脉——上下腔静脉——右心房——右心室（肺循环）。结果：血液由动脉血变为静脉血。

循环系统由心脏、血管、血窦及血液组成。心脏一般位于内脏团背侧围心腔内，由心耳和心室构成。心室一个，壁厚，能搏动，为血循环的动力；心耳一个或成对，常与鳃的数目一致。心耳与心室间有瓣膜，防止血液逆流。血管分化为动脉和静脉。血液自心室经动脉，进入身体各部分，后汇入血窦，由静脉回到心耳，故软体动物为开管式循环。一些快速游泳的种类，则为闭管式循环。血液无色，内含有变形虫状细胞。有些种类血浆中含有血红蛋白或血清蛋白，故血液呈红色或青色。

呼吸器官

水生种类用鳃呼吸，鳃为外套腔内面的上皮伸展形成。鳃的形态各异，鳃轴两侧均生有鳃丝，呈羽状，称盾鳃；仅鳃轴一侧生有鳃丝，呈梳状，称栉鳃；有的鳃成瓣状，称瓣鳃；有些种类的鳃延长成丝状，称丝鳃。有的本鳃消失，又在背侧皮肤表面生出次生鳃，也有的种类无鳃。鳃成对或为单个，数目不一，少则一个或一对，多则可达几十对。陆地生活的种类均无鳃。其外套腔内部一定区域的微细血管密集成网，形成肺，可直接摄取空气中的氧。这是对陆地生活的一种适应性。

排泄器官

软体动物的排泄器官基本上是后肾管，其数目一般与鳃的数目一致，只有少数种类的幼体为原肾管。后肾管由腺质部分和管状部分组成，腺质部分富血管，肾口具纤毛，开口于围心腔；管状部分为薄壁的管子，内壁具纤毛，肾孔开口于外套腔。后肾管不仅可排除围心腔中的代谢产物，也可排除血液中的代谢产物。另外围心腔内壁上的围心腔腺，微血管密布，可排出代谢产物于围心腔内，由后肾管排出体外。

成熟的软体动物

神经系统

原始种类的神经系统无神经节的分化，仅有围咽神经环及向体后

伸出的一对足神经索和一对侧神经索。较高等的种类主要有4对神经节，各神经节间由神经相连。脑神经节位于食管背侧，发出神经至头部及体前部，司感觉；足神经节位于足的前部，伸出神经至足部，司运动和感觉；侧神经节发出神经至外套膜及鳃等；脏神经节发出神经至各内脏器官。这些神经节有趋于集中之势，有的种类的主要神经节集中在一起形成脑，外有软骨包围，如头足类。软体动物已分化出触角、眼、嗅检器及平衡囊等感觉器官，感觉灵敏。

拓展思考

嗅检器

嗅检器为位于水生软体动物外套膜入口附近栉鳃外侧的化学感觉器官。有2个栉锶的有2个化学感觉器官，有1个栉鳃的只有1个化学感觉器官。它是一种感觉上皮的皱褶或凹陷，一些斧足类动物鳃中央棱状部的左右两侧并列有许多叶状部，由于与栉鳃的构造相似，故称栉状鳃。

生殖和发育

软体动物大多数为雌雄异体，不少种类雌雄异形，也有一些为雌雄同体。卵裂形式多为完全不均等卵裂，许多属螺旋型。少数为不完全卵裂。个体发育中经担轮幼虫和面盘幼虫两期幼虫，担轮幼虫的形态与环节动物多毛类的幼虫近似，面盘幼虫发育早期背侧有外套的原基，且分泌外壳，腹侧有足的原基，口前纤毛环发育成缘膜或称面盘。也有的种类为直接发育。淡水蚌类有特殊的钩介幼虫。

◎ 节肢动物

节肢动物是动物界最大的一门，品种亦最繁多，约占全部动物品种的

85%。对环境的适应力特强，生存地方包括海水、淡水、高山、空气、土壤，甚至是动物及植物的体内及体外。

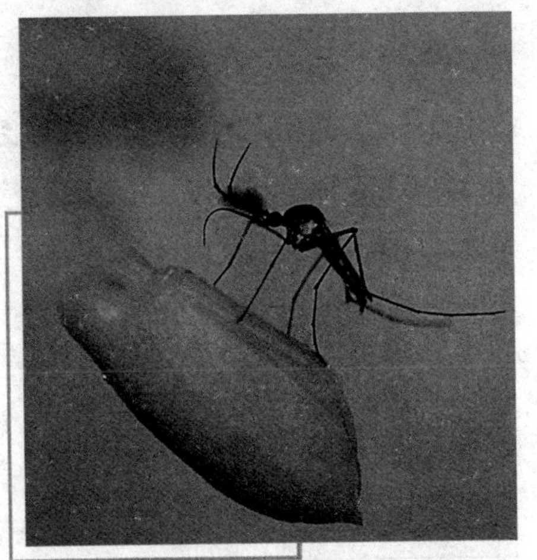

节肢动物

主要特征

身体两侧对称，身体分节，但部分体节融合成特别部位，如头部及胸部。有些节肢动物，例如蜘蛛类，头部及胸部进一步融合成头胸部。身体的附肢，例如足部、触角、口器等都分节。

体壁坚硬，主要由几丁质组成，可提供保护，亦作为外骨骼之用。由于体壁坚硬，妨碍生长，节肢动物需要在生长期蜕皮多次。

知识小链接

复 眼

复眼是相对于小眼而言的，它由多数小眼组成，每个小眼都有角膜、晶椎、色素细胞，视网膜细胞视杆等结构，是一个独立的感光单位。

古节肢动物

感官系统甚为发达，眼有单眼和复眼两种。复眼用作视物，而单眼用作感光。另外，还有触觉、味觉、嗅觉、听觉及平衡器官，有些昆虫还有特别的发声器。

拓展阅读

书　肺

书肺也叫“肺囊”，节肢动物门蛛形纲特有的呼吸器官。在蜘蛛腹部前方两侧，有一对或多对囊状结构，叫气室，气室中有15~20个薄片，由体壁褶皱重叠而成，像书的书页，因而叫“书肺”。当血液流过书肺时，与这里的空气进行气体交换，吸收氧气，同时排出二氧化碳，完成呼吸过程。

节肢动物的呼吸系统颇为多样化，可以利用体表、鳃（水生的）及气管（陆生的）呼吸。蜘蛛等则利用书肺（也叫肺囊，节肢动物门蛛形纲特有的呼吸器官）进行呼吸。

节肢动物的分类

一、甲壳类

特　征

甲壳动物与气管类动物有两对触角和适应在水中生活的鳃。另一个古老的特征是甲壳动物分叉的足，这样的足在化石中的三叶虫就已经有了。几乎所有的甲壳动物都有一种特别的幼虫状态（无节幼体）。这些幼体典型地分3个带足或触须的节，它们的无节幼体眼是单数的。甲壳动物在触角和足的基部有特别的、袋状的排泄器官。此外，所有的甲壳动物的干细胞分裂时的特征相同。

与其他所有节肢动物一样，甲壳动物的躯干由数个节组成。第一个节是头部的口前叶，最后一节是尾部的尾板。通过不

拓展思考

无节幼体

无节幼体是低等甲壳类孵化后最初的幼体，但高等甲壳类在更高的发育阶段才开始出现。甲壳纲之幼体中，身体尚不分为头胸部和腹部，呈扁平椭圆形，司捕食和咀嚼之功能。附肢均由数个关节构成，具游泳刚毛。继无节幼体期为后无节幼虫期。

同的适应方式，这个基本的构造方式可以形成非常不同的特别结构。尤其外肢的变化可以非常大（比如演化为口器、吸盘和生殖器等非常不同的器官）。一些节可以融合到一起形成比较大的躯干部分（体段）。总的来说，甲壳动物的躯干可以分3个大部分：头部由口前叶和可能6个节融合后而成。胸部和腹部各由不同数量的节组成。胸部和腹部的区分主要由外肢的组合体现出来。腹部一般没有外肢或只有演变了的外肢。有时头部和胸部可能也会融合到一起而组成一个头胸部。

甲壳类

甲壳动物

繁殖和发展

甲壳动物的繁殖方式也很多样，最简单的有将精子和卵子放到水中进行外部受精。但也有通过演变的外肢进行体内受精的，甚至有一些寄生的甲壳动物的雄性退化而栖居在雌性的生殖器内。

甲壳动物的发展过程都类似。一般它们都经历多个幼虫期，每次幼虫期开始时幼虫通过萌芽产生新的节和外肢。除五口纲动物外，所有甲壳动物一开始的幼体都是典型的无节幼体。有些动物在卵内度过这个幼体期。此后不同纲的动物发展出不同的

食物链

食物链是生态系统中贮存于有机物中的化学能在生态系统中层层传导，通俗地讲，是各种生物通过一系列吃与被吃的关系，把这种生物与那种生物紧密地联系。

幼体。有些甲壳动物经过变态，有些不变态为成虫。

生活方式

除少数例外，几乎所有的甲壳动物都生活在水中。少数物种生活在陆地上，比如属于寄居蟹的椰子蟹，但这些动物至少在发展期间要依靠水。唯一几乎完全在陆地上生活的甲壳动物是等足目的潮虫。

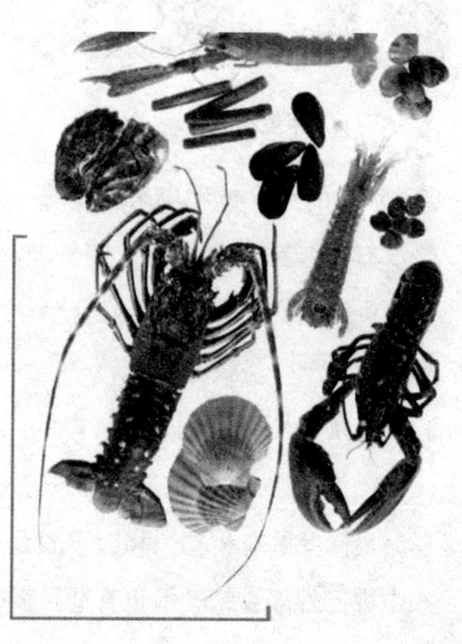

各种甲壳动物

水中的甲壳动物生活在所有的生态环境中。许多物种构成远洋区的浮游生物，其他生活在水底、岩隙、珊瑚礁上或潮汐带。在北冰洋和南极洲的冰层下面也有许多甲壳动物生存，它们构成当地食物链的最下级。在大洋底的沸泉附近也有甲壳动物生活。

进　化

如同其他节肢动物一样，甲壳动物的进化过程还不是很清楚。这个不清楚的主要原因在于它们的甲壳比较难保存为化石。最早的甲壳动物化石出现于寒武纪，如今发现的化石有介形亚纲和软甲亚纲的动物。最早的甲壳动物有可能类似于现在生活在盐水洞穴中的桨足纲，但它们没有留下化石。鳃足纲出现于泥盆纪，蔓足亚纲出现于志留纪。

介形亚纲动物的壳常常在沉积岩中出现，因此它们是重要的指针化石。从它们出现以来它们就是浮游动物的重要组成部分。在化石中还常出现的有藤壶。

二、蜘蛛类

蜘蛛的种类数目繁多，自然界中蜘蛛有近 4 万种。这些蜘蛛大致可分为游猎蜘蛛、结网蜘蛛及洞穴蜘蛛 3 种。第一类会四处觅食，第二类则结网后守株待兔。人们作为宠物饲养的大多是第三类：洞穴蜘蛛。它们喜欢躲在沙堆或洞里，在洞口结网，网本身没有黏性，纯粹用来感应猎物大小，并加以捕食。

基本小知识

附　肢

附肢是底缘上或附近的呈冠状分布的简单或复杂的刺。附肢常中空，有小室构造。附肢不与体腔相通。

蜘蛛体长 0.05 ~ 60 毫米。身体分头胸部和腹部。部分种类头胸部背面有胸甲（有的没有）。腹面有一片大的胸板，胸板前方有 2 个额叶，中间有下唇。腹部不分节，腹柄由第一腹节（第七体节）演变而来。腹部多为圆形或卵圆形，有的具有各种突起，形状奇特。腹部腹面纺器由附肢演变而来，少数原始的种类有 8 个，位置稍靠前；大多数种类有 6 个纺器，位于体后端肛门的前方；还有部分种类具有 4 个纺器，纺器上有许多纺管，内连各种丝腺，由纺管纺出丝。感觉器官有眼、各种感觉毛、听毛、琴形器和跗节器。

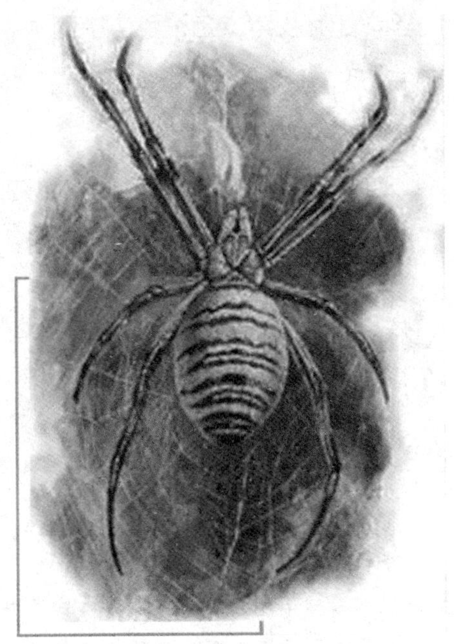

古蜘蛛

蜘蛛体外被几丁质外骨骼，身体明显地分为头胸部及腹部，两者之间往

往由腹部第一腹节变成的细柄相连接，无尾节或尾鞭。蜘蛛无复眼，头胸部有附肢6对，第一、二对属头部附肢，其中第一对为螯肢，多为两节，基部膨大部分为螯节，端部尖细部分为螯牙，牙为管状，螯节内或头胸部内有毒腺，其分泌的毒液即由此导出。第二对附肢称为脚须，形如步足，但只具6节，基节近口部形成颚状突起，可助摄食，雌蛛末节无大变化，而雄蛛脚须末节则特化为生殖辅助器官，具有储精、传精结构，称触肢器。第三至六对附肢为步足，由7节组成，末端有爪，爪下还有硬毛一丛，故适于在光滑的物体上爬行。

有毒蜘蛛

蜘蛛大部分都有毒腺，螯肢和螯爪的活动方式有两种类型，穴居蜘蛛大多都是上下活动，在地面游猎和空中结网的蜘蛛，则如钳子一般地横扫。

螯　肢

螯肢属于螯肢亚门动物头部第一对附肢，相当于其他节肢动物的大颚，第二对是足须，相当于小颚，但这些也有认为是相当于各种甲壳类的第二触角及大颚。螯肢由2～3节构成，多数成为适于捕捉的钳状构造，有的还在末端钩尖内面具有毒腺开口。

无触角，无翅，无复眼，只有单眼，一般有8个眼，但亦有六、四、二眼者，个别属甚至没有眼。就眼的色泽和功能而言，又分夜和昼两种。

蜘蛛的口器由螯肢、触肢茎节的颚叶，上唇、下唇所组成，具有毒杀、捕捉、压碎食物、吮吸液汁的功能。

有些蜘蛛的跗节爪下，有由黏毛组成的毛簇，毛簇有使蜘蛛在垂直的光滑物体上爬行的能力。结网的蜘蛛，跗节近顶端有几根爪状的刺，称为副爪。

大多数蜘蛛的腹部不分节。有无外雌器（雌蛛的交配器官）是鉴定雌体种的重要特征。在腹部腹面中间或腹面后端具有特殊的纺绩器。3 对纺绩器按其着生位置，称为前、中、后纺绩器。纺绩器的顶端有膜质的纺管，周围被毛，不同蜘蛛的纺管数目不同，不同形状的纺管，纺出不同的蛛丝。纺管的筛器，也是纺丝器官，像隆头蛛科的线纹帽头蛛的筛器上有 9 600 个纺管，可见其纺出的丝是极其纤细的。经由纺管引出体外的丝腺有 8 种，丝腺的大小及数目随蜘蛛的成长和逐次蜕皮而增加。蜘蛛丝是一种骨蛋白，十分黏细坚韧而具弹性，吐出后遇空气而变硬。

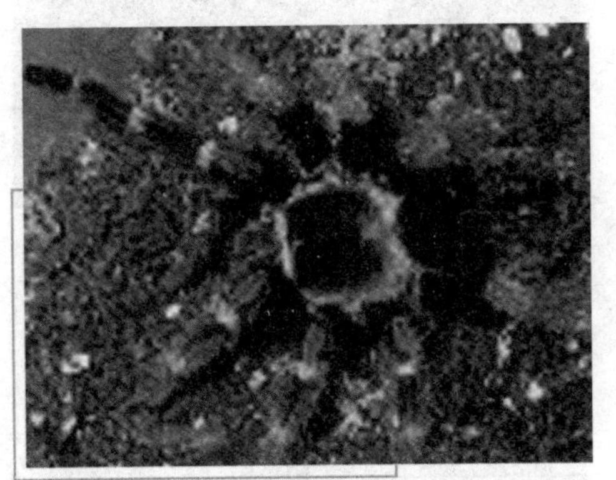

有毛簇的蜘蛛

雌雄异体，雄体小于雌体，雄体触肢跗节发育成为触肢器，雌体于最后一次蜕皮后具有外雌器。

蜘蛛卵生，卵一般包于丝质的卵袋内，雌体保护和携带卵袋的方式不一，或置网上、石下、树枝上，或用口衔、胸抱等。为不完全变态，在胚胎时期腹部仍分节，营结网或不结网生活。网有圆网、皿网、漏斗网、三角网、不规则网等。有一首民谣“小小诸葛亮，独坐中军帐，摆下八卦阵，专捉飞来将”，把蜘蛛布网捕虫的现象描绘得惟妙惟肖。

蜘蛛在内部构造上较特殊的是呼吸器官——书肺。蜘蛛毒腺为圆筒状，腺壁由一层细胞构成，毒腺的前方有导管，在螯爪的前端附近开口。毒腺分

泌出毒液，对小动物有致死效果，有的对人也能危及生命。如被红斑毒蛛或穴居狼蛛螯咬后，必须及时治疗，以免危及生命。

巨蟹蛛

蜘蛛为食肉性动物，其食物大多数为昆虫或其他节肢动物，但口无上颚，不直接吞食固定食物。当用网捕获食饵后，先以螯肢内的毒腺分泌毒液注入捕获物体内将其杀死，由中肠分泌的消化酶灌注在被螯肢撕碎的捕获物的组织中，很快将其分解为液汁，然后吸进消化道内。

知识小链接

跳蛛科

跳蛛科是节肢动物门、螯肢亚门、蛛形纲、蜘蛛目的一科，通称跳蛛。跳蛛科是蜘蛛目中最大的科，全球约有 3 000 种。分布于世界各地，在热带和亚热带种类较多。中国南方的种类和数量都胜过北方。

蜘蛛的生活方式可分为两大类，即游猎型和定居型。游猎型：到处游猎、捕食、居无定所、完全不结网、不挖洞、不造巢的蜘蛛，如鳞毛蛛科，拟熊蛛科和大多数的狼蛛科等。定居型：有的结网，有的挖穴，有的筑巢，作为固定住所，如壁钱、类石蛛等。蜘蛛似乎懂礼貌，凡营独立生活者，个体之间都保持一定间隔距离，互不侵犯。

蜘蛛不但雌雄异形，雄小于雌，而且有的异色，如跳蛛科的雄性体色明亮，雌性体色晦暗；巨蟹蛛科的雄性背面有红色斑纹，雌性全为绿色。

三、昆虫类

昆虫通常是中小型到极微小的无脊椎生物，是节肢动物的最主要成员之一。昆虫最大的特征就是身体可分为 3 个不同区段：头、胸和腹。它们有 6 条相连接的脚，而且通常有两对翅膀贴附于胸部。它们在志留纪时期进化，到石炭纪时期则出现有 70 厘米翅距的大型蜻蜓。它们今日仍是相当兴盛的族群。

昆虫的种类

种类最多的目为甲虫、蝶、蛾、蜂、蚁、蝇、蚊。从沙漠到丛林、从冰原到寒冷的山溪，再到低地的死水塘和温泉，每一个淡水或陆地栖所，只要有食物，都有昆虫生活。有许多生活在盐度高达海水的 1/10 的咸淡水中，少数种类生活在海水中。有的双翅目幼虫能生活于原油池中，取食落入池中的昆虫。昆虫卵壳上通常有呼吸孔，并在壳内形成一个通气的网络。有些昆虫的卵黏在一起形成卵鞘。有的昆虫以卵期度过不良环境。如某些蚱蜢以卵度过干旱的夏季，待潮湿时再行发育。在干燥条件下伊蚊的卵在发育完成后进入一个休眠期，如放入水中，迅速孵化。

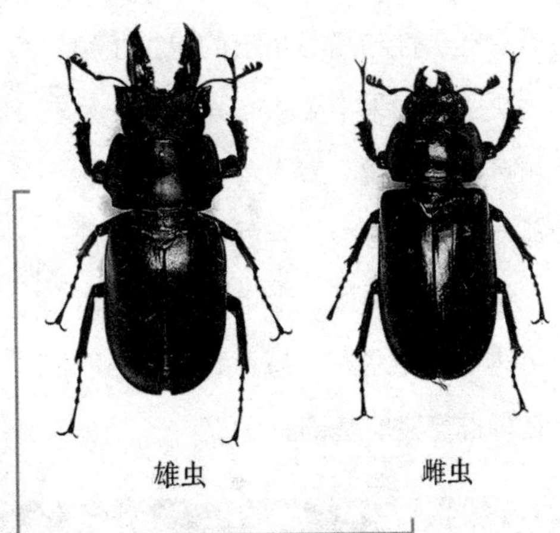

甲　虫

基本小知识

双翅目

双翅目是节肢动物门、有颚亚门、昆虫纲、有翅亚纲的 1 目，是昆虫纲中仅次于鳞翅目、鞘翅目、膜翅目的第四大目。世界已知 85 000种，全球分布。中国已知 4 000 余种。

昆虫的特征

昆虫成为最繁盛的动物类群。

昆虫是无脊椎动物中唯一有翅的一类，也是动物中最早具翅的一个类群。飞翔能力的获得，给昆虫在觅食、求偶、避敌、扩散等方面带来了极大的好处。

昆虫具有惊人的繁殖能力。大多数昆虫产卵量在数百粒范围内，具有社会性与孤雌生殖的昆虫生殖力更强，如果需要，一只蜜蜂一生可产卵百万粒。有人曾估算，一头孤雌生殖的蚜虫，若后代全部成活并继续繁殖的话，半年后蚜虫总数可达6亿个左右。强大的生殖潜能是种群繁盛的基础。

昆虫的翅膀

大部分昆虫的体形较小，不仅少量的食物即能满足其生长与繁殖的营养需求，而且使其在生存空间、灵活度、避敌、减少损害、顺风迁飞等方面具有很多优势。

繁殖力强的蜜蜂

不同类群的昆虫具有不同类型的口器，一方面避免了对食物的竞争，同时部分程度地改善了昆虫与取食对象的关系。

绝大部分昆虫为全变态，其中大部分种类的幼期与成虫期个体在生活环境及食性上差别很大，这样就避免了同种或同类昆虫在空间与食物等方面的需求矛盾。

适应力强

从昆虫分布之广，种类之多，数量之大，延续历史之长等特点可以推知其适应能力之强，无论对温度、饥饿、干旱、药剂等，昆虫均有很强的适应力，并且昆虫生活周期较短，比较容易把对种群有益的突变保存下来。对于周期性或长期的不良环境条件，昆虫还可以休眠或滞育，有些种类可以在土壤中滞育几年、十几年或更长的时间，以保持其种群的延续。

拓展阅读

滞　育

滞育是动物受环境条件的诱导所产生的静止状态的一种类型。它常发生于一定的发育阶段，比较稳定，不仅表现为形态发生的停顿和生理活动的降低，而且一经开始必须渡过一定阶段或经某种生理变化后才能结束。动物通过滞育及与之相似但较不稳定的休眠现象来调节生长发育和繁殖的时间，以适应所在地区的季节性变化。

世界上有多少种昆虫

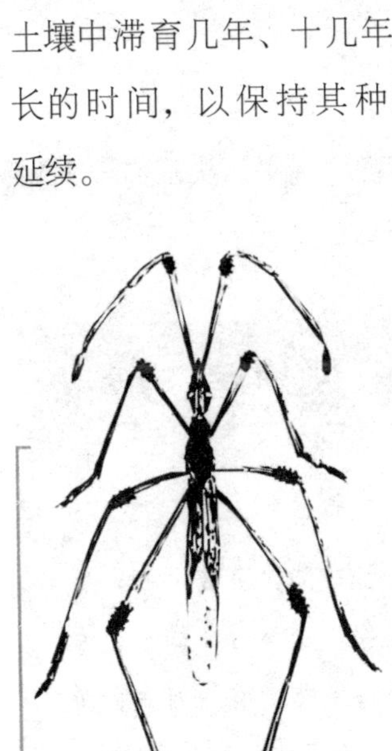

适应力强的蚊子

研究表明，全世界的昆虫可能有 1 000 万种，约占地球所有生物物种的一半。但目前有名有姓的昆虫种类仅 100 万种，占动物界已知种类的 2/3 ~ 3/4。由此可见，世界上的昆虫还有 90% 的种类我们不认识。按最保守的估计，世界上至少有 300 万种昆虫，那也还有 200 万种昆虫有待我们去发现、描述和命名。现在世界上每年大约发表 1 000 个昆虫新种，它们被收录在《动物学记录（Zoological Record）》中，所以，该杂志是从事动物分类的研究人员必须查阅的检索工具。

在已定名的昆虫中，甲虫就有35万种之多，其中象甲科最多，包括6万多种，是哺乳动物的10倍。蝶与蛾次之，有约20万种。蜂、蚁和蚊、蝇都在15万种左右。

蜈　蚣

昆虫不仅种类多，而且同一种昆虫的个体数量也很多，有的个体数量大得惊人。一个蚂蚁群可多达50万个体。一棵树可拥有10万的蚜虫个体。在森林里，每平方米可有10万头弹尾目昆虫。蝗虫大发生时，个体数可达7亿～12亿之多，总重量1250～3000吨，群飞覆盖面积可达500～1200公顷，可以说是遮天盖日。

四、多足类

多足类动物体长形，分头和躯干两部分，一般背腹扁平。头部有一对触角，多对单眼。口器由一对大颚及1～2对小颚组成。躯干部由许多体节组成，每节有1～2对前足。用气管呼吸，排泄为马氏管。多足类为陆生动物，栖息隐蔽，已知10 000多种，包括蜈蚣、马陆等。

蜈蚣　体扁平，每体节有一对步足，分石蜈蚣、蜈蚣和地蜈蚣3类，约有2 800种。石蜈蚣类躯干有18个体节，步足15对；蜈蚣类为15～27体节，

蜈　蚣

蜈蚣是蠕虫形的陆生节肢动物，属节肢动物门多足纲。蜈蚣的身体是由许多体节组成的，每一节上有一对足，所以叫做多足动物。白天它们隐藏在暗处，晚上出去活动，以蚯蚓、昆虫等动物为食。蜈蚣与蛇、蝎、壁虎、蟾蜍并称“五毒”，并位居五毒首位。

步足21～23对；地蜈蚣类体节多，变化大，步足31～170对。蜈蚣躯干部第一对附肢特别强大，形成颚足，末节成为毒爪，颚足内有毒腺。蜈蚣肉食性，以毒爪刺入捕获物体内，注入毒素使之麻痹，再咬破体壁，摄食体内组织器官等柔软部分。少棘蜈蚣为习见种类，一般长100毫米，最大可达150毫米，背侧深绿，有光泽，头及第一体节背板红色。生活在潮湿阴暗处。整体干制，可入药。蚰蜒，步足15对，细而长，易脱落，俗称“钱串儿”，室内有时发现。

多足类

脊椎动物——鱼类

脊椎动物全身分为头、躯干、尾3个部分，躯干又被横膈膜分成胸部和腹部，有比较完善的感觉器官、运动器官和高度分化的神经系统。脊椎动物包括鱼类、两栖动物、爬行动物、鸟类和哺乳动物等5大类。这一节，我们将鱼类作为生命进化过程中的一个突出代表来介绍。

脊椎动物

鱼类是最古老的脊椎动物。最早的鱼是4.5亿年前出现在地球上的圆嘴无颌的鱼。鱼类很容易从外

表上区分开来，它们组成了脊椎动物中最大的类群：在总数为 5 万种的脊椎动物中，鱼类约有 2.2 万种。它们几乎栖居于地球上所有的水生环境——从淡水的湖泊、河流到咸水的大海和大洋。

鱼类是终生生活在水中，用鳃呼吸，用鳍辅助身体平衡与运动的变温脊椎动物，是脊椎动物中最原始、最低级的一群。

基本小知识

鳔

鳔主要指某些鱼类体内可以胀缩的气囊，鱼借以沉浮。有些鱼类的鳔有辅助听觉或呼吸等作用，俗称“鱼泡”。鳔胶，又称花胶，还有药用价值。

并不是所有生活在水里的动物都是鱼类。例如：鲸，就是哺乳动物。然而，所有的鱼类都能很好地适应水中的生活。它们用鳍运动。鱼有两对鳍——胸鳍和腹鳍，分别位于身体的两则；还有一个尾鳍，生长于尾部；因种类的不同，在背上生有一个或两个背鳍，在臀上生有一个臀鳍。它们有一个充满气体的囊，叫做鳔，它使鱼能够在水中沉降、上浮和保持位置。只有鳐鱼和鲨鱼没有这个器官。鱼类还有用来呼吸的鳃，大多数种类的鳃被鳃盖骨覆盖。鳃位于头的两侧，嘴的后方，用来过滤从嘴吞入的水。从水中获取氧，然后从被称为鳃裂的开口处将水排出。不同种类的鱼的大小差异很大。它们的身体由 3 部分组成：头部、躯干部和尾部。皮肤上覆盖着鳞片，其大小和数目不同。在两侧各有一条明显的线叫做侧线，是感觉器官，用来确定方向。一些硬骨鱼的肌肉被一些细小的骨头分隔开。

◎分　类

鱼类一般分无颌和有颌两大类。

知识小链接

内耳

内耳由于结构复杂，又称为迷路，全部埋藏于颞骨岩部骨质内，介于鼓室与内耳道底之间，由骨迷路和膜迷路构成。骨迷路由致密骨质围成，是位于颞骨岩部内曲折而不规则的骨性隧道。膜迷路是套在骨迷路内的一封闭的膜性囊。膜迷路内充满内淋巴液，骨迷路和膜迷路之间的腔隙内被外淋巴液填充，且内、外淋巴液互不相通。

无颌类　脊椎呈圆柱状，终生存在，无上下颌。起源于内胚层的鳃呈囊状，故又名囊鳃类；脑发达，一般具10对脑神经；有成对的视觉器和听觉器。内耳具一或两个半规管。有心脏，血液红色。表皮由多层细胞组成。偶鳍发育不全，有的古生骨甲鱼类具胸鳍。对无颌类的分类不一。

有颌类　具上下颌。多数具胸鳍和腹鳍。内骨骼发达，成体脊索退化，具脊椎，很少具骨质外骨骼。内耳具3个半规管。鳃由外胚层组织形成。由盾皮鱼、软骨鱼、棘鱼及硬骨鱼组成。其中盾皮鱼和棘鱼只有化石种类。分布在世界各地，主要栖息于低纬度海区，个别种类栖于淡水。

软骨鱼

软骨鱼

本系是现存鱼类中最低级的一个类群，全世界有200多种，我国有140多种，绝大多数生活在海里。

其主要特征是：①终生无硬骨，内骨骼由软骨构成。②体表大

硬骨鱼

都被楯鳞。③鳃间隔发达，无鳃盖。④歪型尾鳍。

硬骨鱼

硬骨鱼系是世界上现存鱼类中最多的一类，有2万种以上，大部分生活在海水域，部分生活在淡水中。

其主要特征是：①骨骼不同程度地硬化为硬骨。②体表被硬鳞、圆鳞或栉鳞，少数种类退化无鳞，皮肤的黏液腺发达。③鳃间隔部分或全部退化，鳃不直接开口于体外，有骨质的鳃盖遮护，从鳃裂流出的水，经鳃盖后缘排走，多数有鳔。④鱼尾常呈正型尾，亦有原尾或歪尾。⑤大多数体外受精，卵生，少数在发育中有变态。

拓展阅读

体外受精

体外受精是指哺乳动物的精子和卵子在体外人工控制的环境中完成受精过程的技术，英文简称为IVF。由于它与胚胎移植技术（ET）密不可分，又简称为IVF－ET。在生物学中，把体外受精胚胎移植到母体后获得的动物称试管动物。这项技术成功于20世纪50年代，在最近20年发展迅速，现已日趋成熟而成为一项重要而常规的动殖生物技术。

◎ 地理分布

世界现存鱼类的分布极广，近4 000米的高山水域与6 000余米的深海均有踪迹，其中海水鱼与淡水鱼的种数之比为2∶1。影响鱼类地理分布的因素很多，包括盐度、温度、水深、海流、含氧量、营养盐、光照、底形底质、食物资源量与食物链结构以及历史上的海陆变迁等。

海洋鱼

海洋鱼类　约80%分布在浅海大陆架区，特别是印度洋—太平洋的热带、亚热带海区。等温线与海鱼的分布关系极大。在寒带与亚寒带海区分布的主要经济鱼类有鲱、鳕、鲑、鲽和鲭等；在亚热带海区分布的主要是沙丁鱼、鲹和鲐；在热带、亚热带海区则分布金枪鱼等。

淡水鱼类　通常分原生和次生两大类，前者如鲤形目等鱼类，后者如丽鱼科以及其他由海洋进入淡水生活的鱼类，比较能耐半咸水环境。

两栖动物

脊椎动物在水中形成的初期，鱼类动物是最早形成的生存形态，是各类脊椎动物发展的基础来源。随着初级脊椎动物的不断进化与发展，某些鱼类物种将水边、湿地、红树林及沼泽地这些特殊环境，作为跨越陆地生存活动的适应性跳板，久而久之，逐步演化出一类能适应水陆之间的环境与气候而生存的两栖动物。两栖动物是一种幼体生存在水环境中

拓展思考

两栖动物

两栖动物是第一种呼吸空气的陆生脊椎动物，由化石可以推断，它们出现在三亿六千万年前的泥盆纪后期。直接由鱼类演化而来，这些动物的出现代表了从水生到陆生的过渡期。两栖动物生命的初期有鳃，当成长为成体时逐渐演变为肺，两栖类可以同时生活在陆上和水中。

而成体生存在陆地上的脊椎动物。

◎历　史

作为第一批登陆的脊椎动物，两栖动物有着最长的发展历史，但是关于两栖动物起源和演化的历史，现在仍然不很明确。

古两栖动物

三叠纪的原蛙

两栖动物的祖先是肉鳍鱼类。进入石炭纪后，两栖动物迅速分化，并在古生代的最后两个纪——石炭纪和二叠纪达到极盛，这个时代也因此称为两栖动物时代。这个时期的两栖动物多种多样，适应不同的生存环境，有些相当适应陆地生活，有些则又回到了水中，有些大型的种类如石炭纪的始螈可以长到4～8米长，习性颇似现代的鳄鱼，还有不少相貌

拓展阅读

三叠尾蛙

三叠尾蛙是最早的滑体两栖类，生活在2.4亿年前的三叠纪早期。它与现代的蛙有些类似，只是躯干部的脊椎骨数目较多，尾部仍由若干脊椎组成，而不是现代蛙类所特有的愈合为一根的尾杆骨。三叠尾蛙的皮肤可以像肺一样用来呼吸。它是原始青蛙的一种，整个身体有1.2米长，可能是原蛙类进化到现代青蛙的一个分支。

奇特的种类。与现在的两栖动物不同，这些早期的两栖动物身上多具有鳞甲。在古生代结束后，大多数原始两栖动物灭绝，只有少数延续了下来，而新型的两栖动物则开始出现。

进入中生代后，现代类型的两栖动物开始出现。现代类型的两栖动物身上光滑而没有鳞甲，皮肤裸露而湿润，布满黏液腺。这种皮肤可以起到呼吸的作用，有些两栖动物甚至没有肺而只靠皮肤呼吸。最早的滑体两栖类是三叠纪的原蛙，如三叠尾蛙，与现代的蛙有些类似，但是有短的尾。

◎特征和分类

特征：

需在水中度过其幼年时期。

具有适应陆生的骨骼结构，有四肢，皮肤湿润，有很多腺体。

身体无鳞片或体毛。

舌分叉，倒生，能向外伸展。

交配及受精在水中进行。

幼体以鳃呼吸，成体则用皮肤、口腔内壁及肺呼吸。

分类：

无尾类

有适应陆上生活的骨骼系统，身体分头、躯干和四肢。前肢四趾，后肢五趾，趾间有蹼。后肢适于游泳及跳跃。有肺，但主要呼吸器官为口腔内壁及皮肤。

无尾类包括现代两栖动物中绝大多数的种类，也是两栖动物中唯一分布广泛的一类。无尾类的成员体形大体相似，而与其他动物均相差甚远，仅从外形上就不会与其他动物混淆。无尾类幼体和成体区别甚大，幼体即蝌蚪，有尾无足，成体无尾而具四肢，后肢长于前肢，不少种类善于跳跃。无尾类的成员统称蛙和蟾蜍，蛙和蟾蜍这两个词并不是科学意义上的划分，从狭义上说两者分别指蛙科和蟾蜍科的成员，但是无尾类远不止这两个，而其成员都冠以蛙和蟾蜍的称呼。一般来说，皮肤比较光滑、身体比较苗条而善于跳跃的称为蛙，而皮肤比较粗糙、身体比较臃肿而不善跳跃的称为蟾蜍。实际上有些科同时具有这两类成员，在描述无尾类的成员时，多数可以统称为蛙。无尾类历史悠久，三叠纪时便已经出现，直到现代仍然繁盛，除了两极、大洋和极端干旱的沙漠以外，世界各地都能见到，但在热带地区和南半球，尤其是拉丁美洲最为丰富，其次是非洲。无尾类可分为原始的始蛙亚目和进步的新蛙亚目，或进一步将始蛙亚目划分为始蛙亚目、负子蟾亚目和锄足蟾亚目。对于科的划分也有很多不同意见。

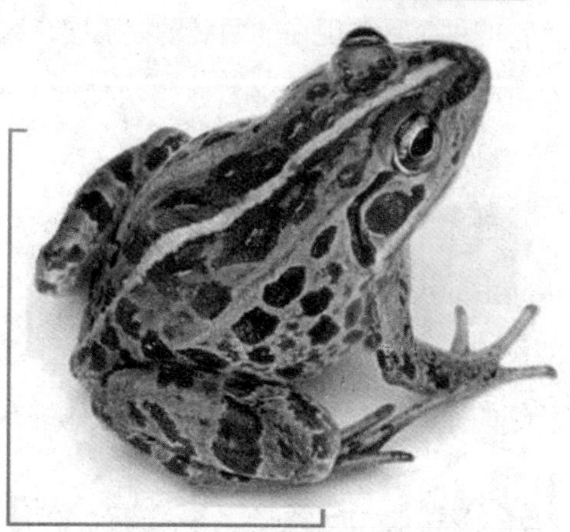

无尾类

蛙类的卵只能在潮湿的环境中发育，故多数蛙类产卵于水中。许多种类在繁殖季节临时大量聚集在一个池塘中。雄蛙以鸣声招引异性。在山川和在陆上繁殖的种类没有同种群集的现象。雌蛙通过雄蛙的鸣声，可辨别是同种或异种，因此可避免栖于同一地区的近似种杂交。多数蛙类在静水中产卵。卵单个或成团、成链状。产卵数目 200～10 000 枚。卵浮在水面上、贴附于枝条或水草上，或是贴附在不受水流冲击的岩石下面。多数蛙类性情温和，某些种类有进攻性，尤其在繁殖季节，雄性间会为争夺领域而战斗。

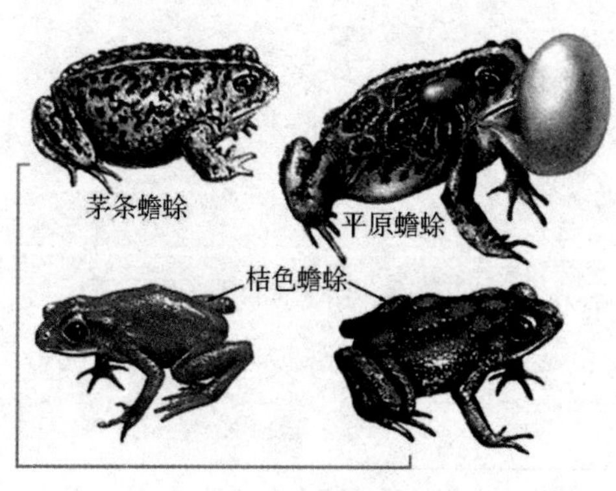

各种蛙

多数蛙类幼体生活于水中，称蝌蚪。蝌蚪具软骨性骨骼，皮肤薄，无腺体，肠长而盘绕，无上下腭，无肺，无眼睑，有尾和鳃。食水中植物（包括藻类）。后相继出现后肢和前肢，前肢在出现前已发育完备。尾逐渐被吸收以至消失。腭及真牙出现。消化道变短、折叠，壁加厚。多数在2~3个月完成变态，北美锄足蟾仅需2个星期，北美牛蛙则需3年。

无足类

无足类通称为蚓螈，是现代两栖动物中最奇特、人们了解最少的一类。蚓螈完全没有四肢，是现存唯一完全没有四肢的两栖动物，也基本无尾或仅有极短的尾。身上有很多环褶，看起来极似蚯蚓（长相极似，内部却完全不同）。多数蚓螈也像蚯蚓一样穴居，生活在湿润的土壤中。蚓螈虽然有眼睛，但是比较退化，有些隐藏于皮下或被薄骨覆盖。在鼻和眼之间有可以伸缩的触突，可能起到嗅觉的作用。一些蚓螈背面的环褶间有小的骨质真皮鳞，这是比较原始的特征，也是现代两栖动物中唯一有鳞的代表。所有的蚓螈都是肉食性动物，主要捕食土壤中的蚯蚓和昆虫幼虫。不少蚓螈是卵胎生，但是也有一些是卵生。蚓螈共有160余种，分布于大多数热带地区，但是不出现于澳大利亚、马达加斯加和加勒比海诸岛，而在印度洋的塞舌尔群岛却有分布。蚓螈可以分成6个科。其中的肯尼亚萨嘎拉蚓螈位列全球十大濒危两栖动物。

无足类

有尾类

形态特征：终生有尾，尾较长侧扁，适于游泳。幼体及成体体形近似，最不特化。体长形，分头、躯干和尾3部分，颈部较明显，四肢匀称。皮肤

光滑湿润，紧贴皮下肌肉，富于皮肤腺，全无小鳞。耳无鼓膜和鼓室。幼体用鳃呼吸，成体用肺呼吸，也有些种类终生具鳃，肺很不发达或无肺，而皮肤呼吸却占重要地位。循环系统显示了比无尾目更为原始的特点，如心房间隔不完整，左右心房仍相通；静脉系统出现了后腔静脉，但终生还保留着后主静脉。有些种类终生还保留着鱼类特有的侧线。一般不能发声。舌不能从

知识小链接

鼓　膜

鼓膜也称耳膜，为一弹性灰白色半透明薄膜，将外耳道与中耳隔开。鼓膜距外耳道口2.5～3.5厘米，位于外耳道与鼓室之间，鼓膜的高度约9毫米，宽约8毫米，平均面积约90平方毫米，厚度0.1毫米。鼓膜呈椭圆形，其外形如漏斗，斜置于外耳道内，与外耳道底成45°～50°角，致使外耳道之后上壁较前下壁短。

后端翻出撮食。上下颌均有小齿，仅鳗螈类覆以角质片。椎体双凹型或后凹型，有肋骨。肢带软骨质成分多，肩带仅肩臼周围的部分骨化，适于在水中迅速游动。在陆上活动时，躯干很少抬离地面，以交替的迈步动作和躯干与尾的波状弯曲前进。能疾走或树栖的种类，其四肢较长，或尾有攀缘能力。

基本小知识

侧　线

侧线是埋在鱼体两侧皮下的能感觉水流方向、强度和振动的皮肤感觉器官。

体皮肤无鳞，多数具有四肢，少数只有前肢而无后肢。变态不显著。有

的具有外鳃，终生生活在水中，有的在变态后移到陆上湿地生活。雄性无交接器。有的体外受精，如小鲵、大鲵；有的体内受精，如蝾螈。雄性先排精包，雌性将精包纳入泄殖腔，当排卵时，精包释放精子。受精在输卵管内进行，多卵生。幼体先出前肢，再出后肢。在我国分布的种类不多，有20余种，如小鲵、大鲵、蝾螈等。

有尾类

生活习性：适应于水栖生活，大多生活于淡水水域，也有些种类变态后离水而栖于湿地。生活在池塘、江河、湖泊、山溪、沼泽中的多为半水栖，其他以终生水栖或陆栖为主。

繁殖：无交接器，多为卵生。个别种类卵胎生或胎生。体外受精或体内受精。体内受精者，雄性泄殖腔内腺体分泌的胶质，能将大量精子粘在精包内；雌性的泄殖腔边缘突出，能将雄性排出的精包纳入泄殖腔内，完成受精作用。某些种类的成体保留多种幼态性状，即已达性成熟阶段者称为童体型或幼态持续型。

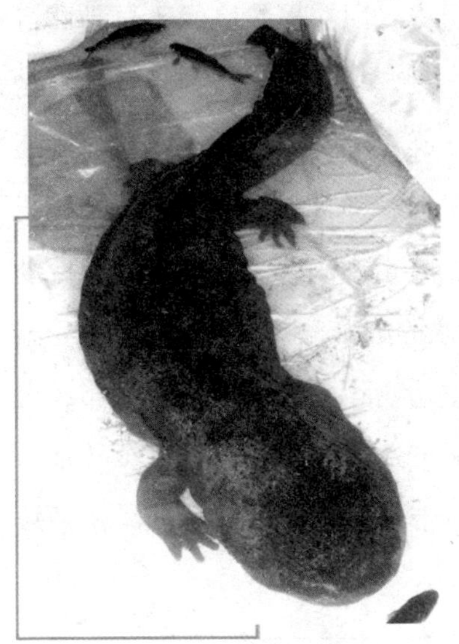

大　鲵

卵　生

动物的受精卵在母体外独立发育的过程叫卵生。卵生的特点是在胚胎发育中，全靠卵自身所含的卵黄作为营养。卵生在动物中很普遍。

爬行动物

爬行动物是第一批真正摆脱对水的依赖而真正征服陆地的脊椎动物，可以适应各种不同的陆地生活环境。爬行动物也是统治陆地时间最长的动物，其主宰地球的中生代也是整个地球生物史上最引人注目的时代。那个时代，爬行动物不仅是陆地上的绝对统治者，还统治着海洋和天空，地球上没有任何一类其他生物有过如此辉煌的历史。现在虽然已经不再是爬行动物的时代，大多数爬行动物的类群已经灭绝，只有少数幸存下来，但是就种类来说，爬行动物仍然是非常繁盛的一群，其种类仅次于鸟类而排在陆地脊椎动物的第二位。爬行动物现在到底有多少种很难说清，各家的统计数字可能相差千种，新的种类还在不断被鉴定出来，大体来说，爬行动物现在应该有接近8 000种。由于摆脱了对水的依赖，爬行动物的分布受温度影响较大而受湿度影响较少，现存的爬行动物除南极洲外均有分布，大多数分布于热带、亚热带地区，在温带和寒带地区则很少，只有少数种类可到达北极圈附近或分布于高山上，而在热带地区，无论湿润地区还是较干燥地区，种类都很丰富。

现存的爬行动物包含4类：鳄类、喙头蜥类、有鳞类、龟鳖类。

◎鳄　类

体形长大，前身挺起，后肢修伟。尾部粗壮，比躯干长，侧扁如桨，是支撑体重的平衡器，又是游泳与袭击猎物或敌害的武器。头扁平延长成吻。鼻孔在吻端背面。指五，趾四（第五趾常缺），有蹼。眼小而微突，瞳孔纵窄，与外鼻孔连成一线。头部皮肤紧贴头骨，躯干、四肢覆有角质盾片或骨板，背腹都覆有骨鳞。

鳄长者达10米，是现在最大的爬行动物，但远比史前的亲属小。今日鳄类过两栖生活，水生甚于陆栖，大致分布于热带、亚热带的大河与内地湖泊。有极少数入海，如分布于南亚至大洋洲北部的湾鳄。一般夜出，白天常张吻（调节气温），偃卧岸侧，受惊立即入水。以鱼、蛙与小型兽为食。幼鳄也吃无脊椎动物。雌鳄在自掘的窟穴中或植物茎叶堆上产硬壳卵，借发酵热度胚胎发育。卵的大小与卵壳因种而异。母鳄常以尾泼水濡卵。孵化前，幼鳄能发声，由母鳄帮助它出壳，成鳄吼鸣，声可传很远。

拓展思考

骨　磷

硬骨鱼类鳞片的一种类型，由真皮性骨板形成。一般为圆形或椭圆形，薄而略透明，其上有完整或不完整的同心圆环纹和辐射线。一般可分为两种：鳞面光滑的圆鳞和鳞面有小棘的栉鳞。

鳄

上三叠纪最古老的原鳄与槽齿蜥极其相似。侏罗纪、白垩纪的中生鳄上颞窝很大，内鼻孔前移到口盖骨与翼骨间。侏罗纪、白垩纪的海生鳄具桨形短前肢与有鳍而末端锐曲的尾部。西巴鳄见于南美始新世，前吻高而小，次生腭短而组合无翼骨。白垩纪起始有真鳄亚目，种类最多。第三、四纪的鳄类大部分属真鳄亚目，次生腭有翼骨加入。现存真鳄有3科：①鼍科，吻喙短阔，与头颅后段无明显界限。闭嘴时，下颌齿列在颚齿列内侧。下颌第四齿壮大，咬上颌为孔穴。典型的鼍属有两种，一种是北美的密河鼍，另

进化中的鳄

一种是长江的中华鼍。②鳄科，吻喙短阔，上下颌齿列交错切接骈列，下颌第四齿壮大，咬上颌为洼沟。典型的鳄属有 11 种，广泛分布于热带。③食鱼鳄科，吻喙狭长，与头颅后段显然有别，仅印度有恒河食鱼鳄一种。

从三叠纪初见鳄类动物起，至今很少变动，所以现存的鳄类可以称为活化石。

据统计，世界上的许多种鳄，包括菲律宾鳄、非洲矮鳄、非洲细嘴鳄、泽鳄、锡兰泽鳄、刚果矮鳄、古巴鳄、尼罗河鳄等十几种都已陷入濒危状态。

鳄鱼属于恐龙家族的近亲。大约在 1.4 亿年以前就在地球上生存，由于自然环境的变迁，恐龙家族中的其他成员逐渐灭绝，只有鳄鱼顽强地坚持繁衍至今，但它历经劫难也使原来的 23 个品种中的 15 个绝迹，只有少数几个品种幸存下来。

古巴鳄

鳄鱼是脊椎类动物，属脊椎类中的爬虫类。淡水鳄生活在江河湖沼之中，咸水鳄主要集中在温湿的海滨。它一般身长 4 ~ 5 米，头部扁平，有个很长的吻，全身长满角质鳞片，长长的尾巴呈侧扁形，四肢短，前肢五趾，后肢四趾，趾间有蹼。

鳄鱼形象狰狞丑陋，生性凶恶暴戾，行动十分灵活。一般白天伏睡在林荫之下或潜游水底，夜间外出觅食。极善潜水，可在水底潜伏10小时以上。如在陆上遇到敌害或猎捕食物时，能纵跳抓扑，纵扑不到时，巨大的尾巴还可以猛烈横扫，是个很难对付的虫类之王。遗憾之处是虽长有看似尖锐锋利的牙齿，可却是槽生齿，这种牙齿脱落下来后能够很快重新长出，可惜不能撕咬和咀嚼食物。这就使它那坚强长大的双颌功能大减，既然不能撕咬和咀嚼，便只能像钳子一样把食物"夹住"，然后囫囵吞咬下去。所以当鳄鱼扑到较大的陆生动物时，它不能把它们咬死，而是把它们拖入水中淹死；相反，当鳄鱼扑到较大的水生动物时，又把它们抛上陆地，使猎物因缺氧而死。在遇到大块食物不能吞咽的时候，鳄鱼往往用大嘴"夹"着食物在石头或树干上猛烈摔打，直到把它摔软或摔碎后再张口吞下。如果还不行，它干脆把猎物丢在一旁，任其自然腐烂，等烂到可以吞食了，再吞下去。正因为鳄鱼的牙齿不能嚼碎食物，所以又生长了一个特殊的胃。这个胃的胃酸多且酸度高，使鳄鱼的消化功能特别好。此外，鳄鱼也和鸡一样，经常吃些沙石，利用它们在胃里帮助磨碎食物促进消化。

刚出生的鳄

和家族中的兄弟姐妹一样，鳄鱼虽然个体庞大，却是卵生。其寿命一般可长达70～80岁，有的可达100多岁。雌鳄长到12岁时性成熟，开始生儿育女，至40岁左右，停止生育。

雄鳄的成熟期同雌鳄差不多。鳄鱼每次产卵20～40枚，小的如鸭蛋，大的如鹅蛋。雌鳄在产卵前，先上岸选址筑巢，将树叶、干草等弄到巢内，铺成一张"软床"，然后上床待产，到临产前两三天时，泪如雨下，可能是疼痛所致。产下卵后，把卵藏在树叶和干草下面，自身则伏在上面孵化60多天。此期间它凶恶无比，不准任何动物接近，否则必遭猛烈袭击。幼鳄出壳以后，

先是一起依附在母亲背上外出觅食，半年后可独立生活。

◎喙头蜥类

喙头蜥，因牙齿构造也称为楔齿蜥。其他名称也有鳄蜥或新西兰鳄蜥，亦可称为刺背鳄蜥，仅分布于新西兰科克海峡中的数个小岛上，是喙头目仅存的成员，只有一科一属两种。由于鼬类与老鼠的引进，已濒临绝种。额头有松果眼（俗称第三只眼）的痕迹，是非常原始的蜥蜴，被认为是活化石。

本物种的最大特点是具有第三只眼睛。所谓“第三只眼睛”，即松果体，在脊椎动物的大脑中广泛存在，与感光功能有关，其结构与眼睛相似。但在其他动物中，松果体通常退化并深埋于颅腔内，而喙头蜥的松果体则露出并可感光。

◎有鳞类

这是现生爬行类中的常见者，如蜥蜴、蛇均属之。无次生腭，脊椎常为前凹型。蛇类失去四肢，脊椎骨和肋骨数目增加，使身体变长。方骨活动，使口张得很大。在有鳞目化石中，蜥蜴类比蛇类更为常见。

形态特征：体形一般细长，背覆角质鳞片。多数种类无骨板。头骨为双窝型。颞区有上、下两个窝，由眶后骨与鳞骨合成骨弧所隔开。但通常下方的方轭骨弧消失，因而下颞窝是开放的。由于方骨下端游离，头骨和下颌间的关节活动性较大。

知识小链接

眶后骨

眶后骨位于眼眶下面，是爬行类动物独有的特征，在很多爬行类动物的古化石上都可以看到。

起源进化：有鳞总目大概起源于三叠纪。南非早三叠纪的原蜥蜴及其亲属大概占据着始鳄类与有鳞类之间的位置，因其方骨上端与鳞骨间呈不可动关节，可归属始鳄类，但它又具有蜥蜴类的特征。不列颠三叠纪晚期的孔耐蜥和北美三叠纪的依卡洛蜥已进化到方骨与鳞骨间呈可动关节的阶段，因此均属蜥蜴类。蛇类是爬行动物中最晚进化形成的一支，为高度特化的蜥蜴类。大概从恐龙时代结束以来，有鳞总目就一直保持着巨大的优势。

蜥　蜴

蛇：

身体细长，四肢退化，身体表面覆盖鳞片。大部分是陆生，也有半树栖、半水栖和水栖的，分布在除南极洲以及新西兰、爱尔兰等岛屿之外的世界各地。以鼠、蛙、昆虫等为食。一般分无毒蛇和有毒蛇。蛇的种类很多，遍布全世界，热带最多。中国境内的毒蛇有蟒山烙铁头、五步蛇、竹叶青、眼镜蛇、蝮蛇和金环蛇等；无毒蛇有锦蛇、蟒蛇、大赤链等。

蛇

没毒的蛇的肉可食用，蛇毒和蛇胆是珍贵药品，但有的蛇也是保护动物。

蛇是不会主动对人进攻的，除非

你打到了它的身躯。如果你的脚踩上了它的时候，它会本能地马上回头咬你脚一口，喷洒毒液，令你倒下。当人们行走在山路上时，“打草惊蛇”在此用得很恰当。你手执一根木棍，有弹性的木棍最好，边走边往草丛中划划打打，如果草丛有蛇，会受惊逃避的。用硬直木棒打蛇是最危险的动作，因为木棒着地点很小，不容易击中蛇。软木棒有弹性，打蛇时木棒贴地，蛇被击中的可能性更大。蛇打七寸，这是蛇的要害部位，打中此部位，蛇就动弹不了。

蟒山烙铁头

形态结构

蛇的行走千姿百态，或直线行走或蜿蜒曲折而前进，这是由蛇的结构所决定的。蛇全身分头、躯干及尾 3 部分。头与躯干之间为颈部，界限不很明显，躯干与尾部以泄殖肛孔为界。蛇没有四肢，全身被鳞片遮盖，有保护肤体的作用。蛇的躯干部呈长筒状。蛇的尾部为肛门以后的部位。

爬行中的蛇

蛇的内部结构分为：皮肤系统、骨骼系统、肌肉系统、呼吸系统、消化系统、泄殖系统、神经系统、感觉器官和染色体等十大部分。

那么，蛇没有脚，怎么能爬行呢？实际上，蛇不仅能爬行，还爬行得相当快。

蛇之所以能爬行，是由于它有特殊的运动方式：一种是蜿蜒运动，所有的蛇都能以这种方式向前爬行。爬行时，蛇体在地面上作水平波状弯曲，使弯曲处的后边施力于粗糙的地面上，由地面的反作用力推动蛇体前进。如果把蛇放在平滑的玻璃板上，那它就寸步难行，无法以这种方式爬行了。当然，不必因此为蛇担忧，因为在自然界是不会有像玻璃那样光滑的地面的。第二种是履带式运动，蛇没有胸骨，它的肋骨可以前后自由移动，肋骨与腹鳞之间有肋皮肌相连。当肋皮肌收缩时，肋骨便向前移动，这就带动宽大的腹鳞依次竖立，即稍稍翘起，翘起的腹鳞就像踩着地面那样，但这时只是腹鳞动而蛇身没有动，接着肋皮肌放松，腹鳞的后缘就施力于粗糙的地面，靠反作用力把蛇体推向前方，这种运动方式产生的效果是使蛇身直线向前爬行，就像坦克那样。第三种方式是伸缩运动，蛇身前部抬起，尽力前伸，接触到支持的物体时，蛇身后部即跟着缩向前去，然后再抬起身体前部向前伸，得到支持物，后部再缩向前去，这样交替伸缩，蛇就能不断地向前爬行。在地面爬行比较缓慢的蛇，如铅色水蛇等，在受到惊动时，蛇身会很快地连续伸缩，加快爬行的速度，给人以跳跃的感觉。

拓展阅读

履　带

履带是由主动轮驱动、围绕着主动轮、负重轮、诱导轮和托带轮的柔性链环。履带由履带板和履带销等组成。履带销将各履带板连接起来构成履带链环。履带板的两端有孔，与主动轮啮合，中部有诱导齿，用来规正履带，并防止坦克转向或侧倾行驶时履带脱落，在与地面接触的一面有加强防滑筋，以提高履带板的坚固性和履带与地面的附着力。

◎ 龟鳖类

特征与习性

龟鳖类

龟鳖类动物基本保留原始体形。背腹甲间有甲桥在体侧连接，甲由骨板与盾片构成。盾片与骨板逐年增长，盾片上有生长线，而盾顶区与其邻近的小片则常磨损脱落。背甲有上穹突，正中一行脊板（连脊椎骨）8 枚，上盖脊盾 5 枚，两侧各有一行肋板（连接肋骨）8 对，上盖肋盾通常 4 对，其外围还有缘板 11 对和缘盾 12 对，鳖科无缘板或仅留痕迹。骨板、盾片的数目和大小不等，两相黏合以加强龟壳的坚固性。腹甲平坦，包括骨板 9 枚（上、舌、下、剑腹板各 1 对，内腹板 1 枚），上覆盾片 6 对（喉、肱、胸、腹、股、肛盾各 1 对）。鳖甲无角盾而以皮膜的鳖裙代替。

你知道吗

蛰　伏

蛰伏是指动物暂时失去运动能力、对外界刺激敏感性降低的状态，通常伴随着代谢率、体温和呼吸率的明显降低。

棱皮龟无整块背甲，而有许多细小多角形骨片排列成行，紧贴在表皮上，不与深层的骨板连接成大块背甲。胚胎发育早期，肋骨位于骨板内。由于背腹甲发育迅速，肋骨并合在背甲里随同发育。因肢常发育较晚，成体的肋骨落在肢带外面，后段还有腹膜肋。头、颈、四肢都可缩入骨匣，免被掠食。四肢短粗，覆以角鳞，指、趾五枚，短小而有爪。海生种类四肢鳍状如

海产龟类

桨，指、趾较长，但爪数较少。尾短小。雄性尾较长，腹甲略为凹。交接器单枚。泄殖孔圆形或星裂。颅顶平滑无雕饰纹，腭缘平阔无齿，而覆以坚厚角鞘，前端狭窄成喙。喙尖有外鼻孔。头侧眼圆而微突，有眼睑与瞬膜（一种半透明的眼睑），鼓膜圆而平滑。头顶后段覆以多角形细鳞；头颅骨片连接牢固，无顶孔，颞部无窝，或有次生小窝孔；次生腭骨质完整；舌短阔柔软，黏附口腔底，不能外伸。颈椎八枚，衔接灵活，无颈肋。以肺呼吸，心脏三窝，一心室二心房。膀胱单枚。水栖者泄殖腔两侧有肛门囊辅助呼吸。腋胯间有臭腺，在交配季节气味大。繁殖季节为 5 ~ 10 月，此期雄性的颜色特别鲜明。交配后产卵一至数次，体内受精。雌龟用后肢掘土成穴，在穴中产卵，然后覆以沙土，靠自然气温孵化。卵的大小与数目因种而异（1 ~ 200 枚不等）。卵有皮膜或钙质外壳。孵化期随气温而有异，越冷时间越长。成体有肉食性、素食性、杂食性。温带种类冬季蛰伏（冬眠），热带种类炎热时期蛰伏

拓展阅读

颈　盾

颈盾位于背甲椎盾的前方，嵌于左右两片缘盾之间的一枚小甲片。有些龟体的颈盾会在缘盾的腹面。有些龟则没有颈盾，例如印度星龟、苏卡达龟和豹龟等。颈盾有时也是区别样子相近而物种不同的陆龟标志之一。如，亚达伯拉龟有颈盾，而加拉帕戈龟没有；缅甸陆龟有颈盾，部分西里贝斯陆龟和多数印度陆龟则没有。

（夏眠）。海产龟类能从数十里外返回原地交配产卵。龟的寿命可达 150 年以上。

◎已灭绝的爬行动物——恐龙

恐龙最早出现在约 2.4 亿年前的三叠纪，灭亡开始于约 6 500 万年前的白垩纪所发生的白垩纪末灭绝事件。恐龙最终灭绝于 6 300 万年前的新生代古近纪古新世。

恐龙的多样性发展

从早侏罗世，恐龙家族适应环境因而发展迅速，使得恐龙向着多样性方向发展，恐龙的种群数目增加，使恐龙这一类具有优势，恐龙由此得以支配地球陆地生态系统。恐龙种类多，体形和习性相差也大。其中个子大的，可以有几十头大象加起来那么大；小的，却跟一只鸡差不多。就食性来说，恐龙有温驯的素食者和凶暴的肉食者，还有荤素都吃的杂食性恐龙。

恐龙习性

从 2.45 亿年前到 6 500 万年前的中生代，爬行类成了地球生态的支配者，故中生代又被称为爬行类时代。大型爬行类恐龙即出现于中生代早期。植食性的梁龙和迷惑龙，是体形与体重最大的陆栖动物。霸王龙是迄今为止陆地上最大的食肉动物。另有生活在海中的鱼龙与蛇颈龙及生活于空中的翼龙等共同构成了一个复杂而完善的生态

梁　龙

体系。

爬行类在地球上繁荣了约1.8亿年。这个时代的动物中，最为大家所熟知的就是恐龙。人们一提到恐龙，眼前就会浮现出一只巨大而凶暴的动物，其实亦有小巧且温驯的小恐龙。

恐龙属脊椎动物爬行类，曾生存在中生代的陆地上的沼泽里，后肢比前肢长且有尾。其中有许多种好食肉，许多种好食草。其中发展较缓慢的种类，类似最古之鳄及喙头类，发展较完善的种类与鸟类相似。

恐龙类别

蜥脚类：原蜥脚类主要生活在晚三叠世到早侏罗世，是一类杂食——素食性的中等体形的恐龙，例如生活在地球上的第一种巨型恐龙——板龙，生活在侏罗纪早期的安琪龙。

板　龙

蜥脚类绝大多数都是巨型的素食恐龙。头小，脖子长，尾巴长，牙齿成小匙状。蜥脚亚目的著名代表有产于我国四川、甘肃晚侏罗世的马门溪龙，脖子由19节颈椎组成，长度约等于体长的一半。世界上已知体形最大的动物——地震龙或易碎双腔龙等。

异特龙

兽脚类：生活在晚三叠世至白垩纪。它们都是肉食龙，两足行走，趾端长有锐利的爪子，头部很

发达，嘴里长着匕首或小刀一样的利齿。霸王龙是著名代表，其他如异特龙、南方巨兽龙等也颇具名气。

知识小链接

鸟臀类

鸟臀类是与三角龙亲缘关系比霸王龙更近的所有恐龙。为恐龙两大类群之一，主要包括异齿龙类、鸟脚类、盾甲龙类、肿头龙类和角龙类。腰带结构为四射式，与鸟类的腰带结构相似，故得名。全部为植食性恐龙。生存于晚三叠世至晚白垩世。

鸟脚类：是鸟臀类中乃至整个恐龙大类中化石最多的一个类群。它们两足或四足行走，下颌骨有单独的前齿骨，牙齿仅生长在颊部，上颌牙齿齿冠向内弯曲，下颌牙齿齿冠向外弯曲。它们生活在晚三叠世至白垩纪，全都是素食恐龙，如鸭嘴龙、禽龙等。

剑　龙

剑龙类：四足行走，背部具有直立的骨板，尾部有骨质刺棒两对或多对。剑龙类主要生活在侏罗纪到早白垩世，是恐龙类最先灭亡的一个大类。其代表有被认为居住在平原上的剑龙，被发现于坦桑尼亚的肯龙。

甲龙类：体形低矮粗壮，全身有骨质甲板，以植物为食，主要出现于白垩纪早期。例如生活在欧洲的海拉尔龙，生活在英国的多刺甲龙。

甲　龙

角　龙

角龙类：是四足行走的素食恐龙。头骨后部扩大成颈盾，多数生活在白垩纪晚期，我国北方发现的鹦鹉嘴龙即属角龙类的祖先类型。其中有与霸王龙齐名的三角龙，温顺的食草动物原角龙等。

肿头龙类：主要特点是头骨肿厚，颞孔封闭，骨盘中耻骨被坐骨排挤，不参与组成腰带，主要生活在白垩纪。

恐龙的灭绝

在6 500万年前，恐龙在短时间内全部死亡，究竟是什么让恐龙毫无还手之力地全部死亡呢？科学家至今还在研究，但始终没有给出一个让所有人都满意的结论，因此，恐龙灭绝至今仍是待解之谜。

今天人们看到的只是那时留下的大批恐龙化石。

传统观点：

（1）可能是因为小行星撞击或地壳运动带来的火山喷发或气候变化和食物不够。

（2）可能是因为地表产生变化、植物变少，恐龙不适应环境变化，无法与占优势的鸟类与哺乳动物争食物，慢慢从地球上消失了。

知识小链接

地壳运动

地壳运动是由于地球内部原因引起的组成地球物质的机械运动。它可以引起岩石圈的演变，促使大陆、洋底的增生和消亡，并形成海沟和山脉，同时还导致发生地震、火山爆发等。

（3）物种斗争说。恐龙年代末期，最初的小型哺乳类动物出现了，这些动物属啮齿类食肉动物，可能以恐龙蛋为食。由于这种小型动物缺乏天敌，越来越多，最终吃光了恐龙蛋。

（4）大陆漂移说。地质学研究证明，在恐龙生存的年代，地球的大陆只有唯一一块，即"泛古陆"。由于地壳变化，这块大陆在侏罗纪发生了较大的分裂和漂移现象，最终导致环境和气候的变化，恐龙因此而灭绝。

（5）地磁变化说。现代生物学证明，某些生物的死亡与磁场有关。对磁场比较敏感的生物，在地球磁场发生变化的时候，都可能由此灭绝。由此推论，恐龙的灭绝可能与地球磁场的变化有关。

（6）被子植物中毒说。恐龙年代末期，地球上的裸子植物逐渐消亡，取而代之的是大量的被子植物，这些植物中含有裸子植物中所没有的毒素，形体巨大的恐龙食量奇大，大量摄入被子植物导致体内毒素积累过多，最终被毒死了。

恐龙灭绝原因新说：

（1）瘟疫后恐龙蛋受侵变质无法孵化。

（2）小行星撞击地球。

（3）哺乳动物变强，恐龙变衰。

（4）气候变冷，恐龙无法适应。

（5）因哺乳动物偷吃恐龙蛋导致恐龙性别比例失调，使恐龙无法繁衍下一代。

（6）火山爆发，岩浆带来大量的有毒有害物质，这些物质通过大气、土壤或水等使恐龙患病最终灭绝。

（7）有些人认为，在远古时期，彗星撞到地球，使地表发生巨大变化，让恐龙无法适应这种环境，导致灭绝。

其中（2）（7）可归为一种学说，即天体撞击说；（3）（4）又可归为一种学说，哺乳动物进化说；（1）（5）也可归为一种学说，恐龙蛋遭袭说。

拓展思考

彗　星

彗星中文俗称“扫把星”，是太阳系中小天体之一。由冰冻物质和尘埃组成。当它靠近太阳时即为可见。太阳的热使彗星物质蒸发，在冰核周围形成朦胧的彗发和一条稀薄物质流构成的彗尾。由于太阳风的压力，彗尾总是指向背离太阳的方向。

这些学说都有其不完善之处，因而至今尚未定论。究竟谁对谁错，孰是孰非，都需要更多的证据。

动物的进化

陆地上的自然环境多姿多彩，为动物的进化开辟了新的适应方向，爬行动物在陆地上出现以后，向各个方向辐射、分化，更高级的鸟类和哺乳类应运而生，哺乳动物进一步发展，从爬行类以后出现的动物都属于恒温动物，具有恒定的体温，能适应各种各样复杂的环境。本章为我们展示了自然界各式各样的动物的生活状态，告诉我们人的生命和大自然息息相关，让我们走进多姿多彩的大自然，了解各种生物的故事，踏上探索生物的旅程。

鸟　类

◎鸟的起源

鸟类起源的研究，主要经过了这样一些阶段。

1868 年，赫胥黎提出了鸟类起源于恐龙的假说。赫胥黎是英国著名的生物学家，也是达尔文进化论的坚定支持者，同时他也是首先提出鸟类起源于恐龙学说的学者。

1973～1985 年，学者在研究脊椎动物化石的时候，发现有一块被鉴定成翼龙的化石具有羽毛，进而找到了另外一件始祖鸟化石。这种偶然的发现，使学者将鸟类和恐龙的关系连接到了一起。一直到现在，鸟类起源于恐龙学说不断盛行，越来越多的化石证据支持了这样的假说。

拓展阅读

翼　龙

翼龙希腊文意思为“有翼蜥蜴”，是飞行爬行动物演化支。它们生存于晚三迭纪到白垩纪末。翼龙类是第一种飞行的脊椎动物。它们的翼是由皮肤、肌肉与其他软组织构成的膜，膜从胸部延展到极长的第四手指上。较早的物种有长而布满牙齿的颚部，以及长尾巴；较晚的物种有大幅缩短的尾巴，而且缺乏牙齿。翼龙类的体型有非常大的差距，从小如鸟类的森林翼龙，到地球上曾出现的最大型生物，例如风神翼龙与哈特兹哥翼龙。

来自于我国的带毛的恐龙，如中华龙鸟是第一个身上保存真正的分叉羽毛的恐龙化石。该化石的发现，引起了国际古生物学界很大的轰动，被认为

知识小链接

蜂鸟

蜂鸟是雨燕目蜂鸟科动物约600种的统称，是世界上已知最小的鸟类。蜂鸟身体很小，能够通过快速拍打翅膀悬停在空中，每秒15~80次，它的快慢取决于蜂鸟的大小。蜂鸟因拍打翅膀的嗡嗡声而得名。蜂鸟是唯一可以向后飞行的鸟。蜂鸟也可以在空中悬停以及向左和向右飞。

是鸟类起源于恐龙的学说最重要和最新的证据。甚至有学者提出恐龙没有绝灭，我们所见到的现生的鸟类都是恐龙，生活在南美的蜂鸟就自然而然地成为最小的恐龙。

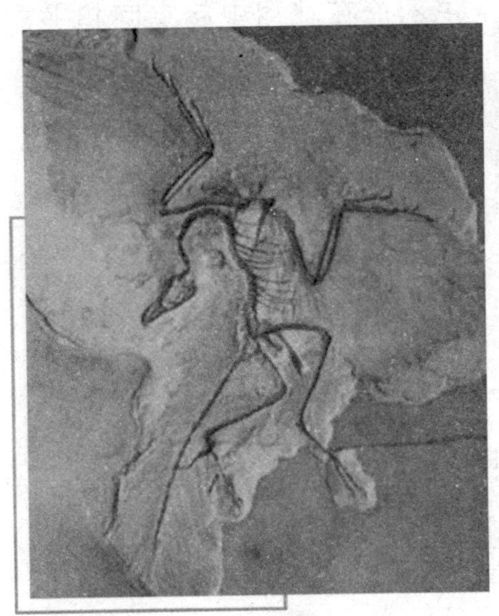

始祖鸟化石

中华龙鸟

鸟类的起源是复杂的问题，当更多证据被发现后，或许还有其他的解读（现在普遍认为，中华龙鸟是鸟类最早的祖先）。

◎ 结构与功能

鸟类是自古代爬行类中的恐龙类进化而来的，一方面继承了爬行类的某些结构，一方面又出现适应飞翔和恒温的新结构。心脏有两个心房和两个心室，动脉血与静脉血完全分开，保证了动脉血中含有丰富的氧。

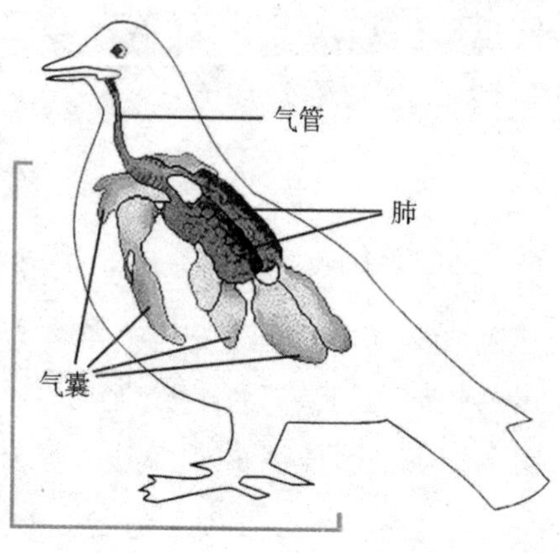

鸟的结构

◎ 羽毛与飞翔

鸟的飞翔

鸟的前肢覆盖着初级与次级飞羽和覆羽，从而变成飞翔的构造，尾羽能在飞翔中起定向和平衡作用。

现代鸟类无牙齿，尾骨退化，无膀胱，可减轻体重。骨腔内充气，头骨、下部脊椎和骨盆愈合，鸟体坚实而轻便，以提高飞行效率。

基本小知识

肌　腱

肌腱是肌腹两端的索状或膜状致密结缔组织，便于肌肉附着和固定。一块肌肉的肌腱分附在两块或两块以上的不同骨上，是由于肌腱的牵引作用才能使肌肉的收缩带动不同骨的运动。每一块骨骼肌都分成肌腹和肌腱两部分，肌腹由肌纤维构成，色红质软，有收缩能力；肌腱由致密结缔组织构成，色白较硬，没有收缩能力，肌腱把骨骼肌附着于骨骼。

跗骨与胫骨和跖骨分别愈合成跗胫骨和跗跖骨，足跟离地，增加了起落时的弹性。大多数鸟类四趾。拇趾向后，有利于抓握树枝。由于趾屈肌肌腱的特殊结构，在栖息时，趾不会松脱。鸟类的取食、梳理羽毛、筑巢以及防御活动，均由嘴来完成，因而颈部较长。颈部有多个相连的马鞍形颈骨，运动极为灵活。

◎迁　徙

鸟类在不同季节更换栖息地区，或是从营巢地移至越冬地，或是从越冬地返回营巢地，这种季节性现象称为迁徙。鸟类因迁徙习性的不同，可分为留鸟、夏候鸟、冬候鸟、旅鸟、迷鸟等几个类型。鸟类的迁徙通常在春秋两季进行。秋季迁徙为离开营巢地区，速度缓慢；春季迁徙由于急于繁殖，速度较快。

◎繁　殖

鸟类性成熟期为1～5年。很多鸟类到性成熟表现为两性异型。繁殖期间绝大多数种类成对活动。有些种类多年结伴。有的种类一雄多雌。少数种类一雌多雄。成对生活的鸟类雌雄共同育雏，一雄多雌的鸟类大都由雌鸟育雏，一雌多雄的鸟类由雄鸟育雏。体内受精，卵生，具有营巢、孵卵和育雏等完善的繁殖行为，因而提高了子代的成活率。

发　情

发情是性成熟的雌性哺乳动物在特定季节表现的生殖周期现象，在生理上表现为排卵，准备受精和怀孕，在行为上表现为吸引和接纳异性。

鸟类在繁殖初期有发情活动，雌雄相遇时，雄鸟（少数为雌鸟）表现出特种姿态和鸣声。有些种类，特别是一雄多雌的种类，雄鸟间常发生格斗。

鸟的繁殖

发情末期或发情结束时开始占据巢区。

鸟类的育雏期为2~13天（如小型鸟类）到21~28天（雉、鸭），但有些大型猛禽的孵卵期长达2个月。雏鸟有早成雏、晚成雏和居间类型。大多数鸟类每年换羽一次，也有1年2次，甚至1年多达4次的（如雷鸟）。

◎ 代谢和恒温

剧烈的飞行要求旺盛的新陈代谢。高体温（40℃ ±2℃）保证了较高的代谢率，而且在垂直高度和水平方向上扩大了鸟类的活动范围。在羽毛覆盖下的静止空气形成一个良好的隔温层，飞行时的快速低温气流有助于散热，鸟类快速呼出的水气也可带走大量体热。

鸟类的呼吸功能强，空气经过气囊，到毛细支气管网中交换气体，然后由前气囊排出。无论是吸气还是呼气，气体都是单向流动（即双重呼吸）。另外，毛细支气管中的气流与肺毛细血管中的血流方向相反，交换氧气的效率远远高于哺乳动物。鸟类为完全的双循环，

拓展思考

气　囊

气囊是一种在柔性的橡胶囊中充入压缩空气或水介质，利用空气的可压缩性和水的流动性来实现弹性作用的软囊。鸟类具有9个气囊，有辅助呼吸，减轻身体重量，减轻器官间摩擦和散热的功能。与中支气管末端相连通的为后气囊，与腹支气管相连通的为前气囊。除锁间气囊为单个之外，均系左右成对。

水上的鸟

但保留的是右侧体动脉。鸟类的心脏容量大，心跳快，血压高，循环迅速。

鸟类主要靠角质喙和灵活的舌部摄取食物。某些鸟的食管下端膨大，成为贮藏和软化食物的嗉囊，但粉碎食物主要由发达的肌胃来完成。肌胃中常存有砂粒，以助研磨。鸟类消化力强，消化迅速。由于肾管和泄殖腔的重吸水作用，鸟失水极少。海鸟眼眶上部具有盐腺，分泌高渗盐水，从而保持体液的渗透压稳定。

◎分　类

平胸类

为现存体形最大的鸟类（体重大者达135千克，体高2.5米），适于奔走生活。具有一系列原始特征：翼退化，胸骨不具龙骨突起，不具尾综骨及尾脂腺，羽毛均匀分布（无羽区及裸区之分），羽枝不具羽小钩（因而不形成羽片）。雄鸟具发达的交配器官，足趾适应奔走生活而趋于减少（2～3趾）。分布限在南半球（非洲、南美洲和大洋洲南部）。

鸵　鸟

著名代表为鸵鸟或称非洲鸵鸟，

其他代表尚有美洲鸵鸟及鸸鹋（或称澳洲鸵鸟）。此外，在新西兰尚有几维鸟。

知识小链接

龙骨突

绝大多数鸟类的胸骨腹侧正中具有1块纵突起，因像船底的龙骨，故称为龙骨突。常见于善飞的鸟类，供动翼肌的附着用。丧失飞翔能力的鸟类，龙骨突不发达或退化。会飞的鸟借助龙骨及胸肌可以最大限度地发挥飞翔能力，而不会飞的禽类只是把它作为骨骼支架的一部分而已，并没有鸟那种巨大作用。

企鹅类

潜水生活的中、大型鸟类，具有一系列适应潜水生活的特征。前肢鳍状，适于划水。具鳞片状羽毛，均匀分布于体表。尾短，腿短而移至躯体后方，趾间具蹼，适应游泳生活。在陆上行走时躯体近于直立，左右摇摆。皮下脂肪发达，有利于在寒冷地区及水中保持体温。骨骼沉重而不充气。胸骨具有发达的龙骨突起，这与前划水有关。游泳快速。企鹅通常被当作是南极的象征，但企鹅最多的种类却分布在南温带，其中南大洋中的岛屿最多，其次分布于亚热带和热带地区，甚至可到达赤道附近，然后分布在南极大陆沿岸，而真正在南极大陆越冬的只有皇企鹅。企鹅有很多种，主要有王企鹅类、阿德利企鹅类、角企鹅类、黄眼企鹅类、白鳍企鹅类和环企鹅类等。

突胸类

通常翼发达，善于飞翔，龙骨突发达，最后4～6枚尾椎愈合为一块尾综骨。一般具有充气性骨骼，正羽发达，构成羽片，体表有羽区、裸区之分。雄鸟绝大多数不具交配器官。

基本小知识

尾综骨

尾综骨是鸟类和两栖类的无尾目在脊柱的末端，由数块尾椎愈合生成的骨。

鸟类种类繁多，为了研究方便，根据生态类型将其分为游禽、涉禽、鹑鸡、鸠鸽、攀禽、猛禽和鸣禽7个类型。

游　禽

喙扁阔或尖长，腿短而具蹼，翼强大或退化。

游　禽

天　鹅

游禽能在各种类群的水域活动，从海洋到内陆河流、湖泊都有游禽的身影。游禽多喜群居，经常成群活动。

不同种类的游禽在水域活动的范围不同，有的在近水滩觅食，有的在一定深度的水域潜水觅食。游禽的食性很杂，水生植物、鱼类、无脊椎类都是它们的食物。由于不同的取食习性，经常会有几种游禽在同一地点的不同区域取食，占据着不同的生态位。

游禽的求偶行为比较复杂，有仪式性的行为。营巢一般在近水区域的，有的就在水面上营浮巢。许多游禽会选择岛屿，在地面上筑巢，多成群且地点固定，形成一个个的鸟岛。雏鸟是早成雏，出壳后长有绒羽，可随亲鸟游水。

拓展思考

求偶行为

求偶行为是交配前促使异性接受交配的行为活动。伴随着性活动和作为性活动前奏的所有行为表现。求偶行为有吸引异性、防止种间杂交、激发对方的性欲望和选择高质量配偶的生物学功能。

游禽多有迁徙的行为，雁形的鸟常作南北向跨越大陆的迁徙，鹱（hù）形的鸟沿赤道地区作东西向迁徙，鸥形的鸟沿大陆海岸作跨越大洋的迁徙，企鹅在南极大陆也会依季节变化而在大陆沿海和内陆迁徙。

涉　禽

喙细而长，脚和趾均很长，蹼不发达，翼强大。

涉禽是指那些适应在沼泽和水边生活的鸟类。它们的腿特别细长，颈和脚趾也较长，适于涉水行走，不适合游泳。休息时常一只脚站立，大部分是从水底、污泥中或地面获得食物。鹭类、鹳（guàn）类、鹤类和鹬（yù）类等都属于这一类。

鹳　类

鹭

丹顶鹤

鹭和鹳是大、中型涉禽。鹭和鹳的外形十分像，但飞行时鹭类颈部常常弯曲成“S”形，而鹳类则颈部直伸。我国鹭类有20种，大都属于珍稀鸟类。鹳类是大型涉禽，飞行时头、颈、腿前后直伸，白鹳为世界著名珍禽。朱鹭是世界最为濒危的鸟类之一，目前只在我国陕西秦岭有分布。

鹤类大小不等，它们的脚趾间没有蹼或仅有一点蹼，后趾的位置比前面三趾要高。飞行时颈伸直。鹤的身姿挺秀，修颈长脚，举止大方，节奏分明，舞姿潇洒，鸣声悦耳洪亮。我国独有的、头顶为红色的丹顶鹤被誉为仙鹤。

朱　鹭

朱鹭又名朱鹮，长喙、凤冠、赤颊，浑身羽毛白中夹红，颈部被有下垂的长柳叶型羽毛，体长约80厘米。它平时栖息在高大的乔木上，觅食时才飞到水田、沼泽地和山区溪流处，以捕捉蝗虫、青蛙、小鱼、田螺和泥鳅等为生。

鹬类为中等或小型涉禽。种类繁多，身体大多为沙土色，奔跑迅速，翅膀尖，善于飞翔。亲鸟为保护幼鸟常把一只翅膀拖地行走诱使敌害追赶而放弃幼鸟。人们常说的“鹬蚌相争，渔翁得利”的“鹬”就是指这种鸟。

鹑　鸡

喙短而强，足和爪强健，翼短圆。

鹬

鹑鸡

鸠　鸽

喙短，基部具蜡膜，足短健，翼发达。

凤冠鸠

鸠鸽的主要成员为热带森林中羽色鲜艳的食果鸟类，其他则为温热带地区的食种子鸟类。鸠鸽鸟类为晚成性，亲鸟会分泌鸽乳哺育雏鸟。鸠鸽鸟类分布广泛，除两极外几乎都能见到，有些可生活于大洋中的荒岛上，比如分布于东南亚一带岛屿上的尼科巴鸠。鸠鸽科种类也非常繁多，共有310种，我国有31种。鸠鸽科成员之间体形差异也不小，小型的种类如澳大利亚的宝石姬地鸠体长不过20厘米。新几内亚的3种凤冠鸠体长则可超过80厘米，是鸠鸽科中最大的种类。凤冠鸠也是鸠鸽类中最漂亮的成员。

攀　禽

喙强直，足短健，对趾型，翼较发达。

攀禽主要活动于有树木的平原、山地、丘陵或者悬崖附近，一些物种如普通翠鸟活动于水域附近，这在很大程度上决定其食性。

攀禽的食性差异很大，夜鹰、雨燕鸟类主要捕食飞行中的昆虫，鴷形、鹃形鸟类主要取食栖身于树木中的成虫幼虫，鹦形鸟类主要取食植物的果实和种子。

攀禽的繁殖非常多样，大多在树洞、洞穴、岩隙中营巢繁殖。鴷形目的鸟类大都在树干上挖掘树洞，或者利用现有的树洞营巢；翠鸟则在土壁上挖掘洞穴繁殖；雨燕会在岩壁上或建筑物的缝隙中繁殖；而鹃形目的鸟类多有占巢寄生的行为，不会营巢和抚育幼鸟。

大多数攀禽为没有鸟类迁徙行为的留鸟，少数物种为迁徙的候鸟。

拓展阅读

攀　禽

攀禽是鸟类六大生态类群之一，涵盖了鸟类传统分类系统中鹦形目、鹃形目、雨燕目、鼠鸟目、咬鹃目、夜鹰目、佛法僧目、形目的所有种。攀禽包括夜鹰、鹦鹉、杜鹃、雨燕、翡翠、翠鸟、啄木鸟、拟啄木鸟等等次级生态类群。

攀禽大多营攀援生活，其形态也随之出现适应此种生活的特征：其脚大多短且有力，趾型多为对趾足（如大斑啄木鸟）、异趾足（如红头咬鹃）、并趾足（如普通翠鸟）、前趾足（如普通楼燕）等。

攀　禽

红头咬鹃

犀 鸟

你知道吗

迁 徙

迁徙是从一处搬到另一处。泛指某种生物或鸟类中的某些种类和其他动物，每年春季和秋季，有规律地、沿相对固定的路线、定时地在繁殖地区和越冬地区之间进行的长距离的往返移居的行为现象。

攀禽大多营攀缘生活，其形态也随之出现适应此种生活的特征：其脚大多短趾有力，趾型多为对趾足（如大斑啄木鸟）、异趾足（如红头咬鹃）、并趾足（如普通翠鸟）、前趾足（如普通楼燕）等。攀禽中许多鸟除了双足之外还有第三个支撑点，如啄木鸟的尾羽羽轴、鹦鹉的喙等均强韧有力，可以作为攀缘等候的辅助支撑。攀禽的翅大多为圆形，这种翅型决定了攀禽大多不善飞行，尤其不善于长距离高速度地飞行，因而这类群有的鸟类迁徙行为甚少。其中雨燕和部分鹃形鸟类是一个例外，它们的翅型大多为尖型，多有迁徙行为，雨燕更是以高超的飞行技巧和高速飞行而著称。攀禽的喙因其食性不同而呈现极大的多样性，啄木鸟的喙长且强壮有力，可以轻松啄开木质部的纤维结构；犀鸟有巨大而华丽的喙和盔，不仅是取食的工具，更是炫耀的资本；翠鸟的喙长而相对柔软，适于在水中捕捉鱼类；鹦鹉的喙具钩，强韧有力可以咬碎坚果的果壳；雨燕和夜鹰的喙短小但口裂甚大，口角有粗硬的须齿，可以增大它们在飞行中捕获昆虫的概率。

猛　禽

喙强大呈钩状，足强大有力，爪锐钩曲，翼强大善飞。

知识小链接

隼形目

隼形目包括鸮形目以外的所有猛禽，是白天活动的猛禽。隼形目多为单独活动，飞翔能力极强，也是视力最好的动物之一。隼形目与其他鸟类不同，雌鸟往往比雄鸟体型更大。隼形目有4~5科，我国有2~3科。我国的所有隼形目鸟类都是国家重点保护野生动物。隼形目的鸟在鸟类中处于食物链的顶端，具有重要的生态意义，很多隼形目的鸟类也被人们认为具有勇猛刚毅等优良品格，所以有不少国家的国鸟是隼形目鸟类。

猛　禽

猛禽类有两大类：一类是隼形类，如老鹰、秃鹫等。另一类是鸮形类，如猫头鹰等。猛禽是食肉类鸟类，一部分食腐。猛禽都有向下弯曲的钩形嘴，十分锐利，也有非常强健的足，除鹫类外大都有非常锋利的爪，它们有良好的视力，可

兀 鹰

以在很高或很远的地方发现地面上或水中的食物。全世界现有猛禽432种，其中隼形类有298种，鸮形类有134种。

隼形目最早出现在古近纪，距今6 500万年，是最古老的今鸟鸟种之一。细分起来这一目的猛禽可分为新域鹫、鹭鹰、兀鹰、鹗、隼等。从外形上看美洲兀鹰和旧大陆兀鹰很相似，然而它们的亲缘关系比较远，前者是新域鹫，后者则属兀鹰。不过它们在食性上却非常相似，都以食腐为主，爪也没那么锋利。为了便于将脑袋伸进腐烂动物的身体，这类鸟的头羽基本退化或干脆没有。它们的食性猥琐与其飞行动作的矫健有太大的反差，但千万别小看了这些食性的作用，正是因为它们能及时地清除腐败的动物尸体，从而有效地限制了疾病的传播和保证了水源的清洁，因此它们有了大自然的清洁工的美誉。鹭鹰猛禽仅一种，鹭鹰的绝活不是飞翔而是奔走，它们能快速地追上蛇，并用强有力的足将蛇击昏，然后慢慢地享用。鹗也仅有一种，但除了南美洲和南极洲外到处都能见到它们的身影。这种鸟与一般的鹰看上去很相似，但有个奇特之处，那就是它们的外趾能像攀禽类那样前后移动，这在猛禽中是唯一的。另外，鹗的取食也较其他猛禽特殊，

拓展思考

白肩雕

白肩雕又名御雕。体型比金雕小。全身黑褐色，背部具有光泽，肩有白羽。头、颈为褐色，缀以黑斑。尾灰褐色，具有不规则的黑色横斑。飞翔时，缓慢地鼓动着翅膀，在空中滑翔。是少见的旅鸟和冬候鸟。

金 雕

它们通常是在水域的上空翱翔，发现猎物后，高速俯冲直下，潜入水中将猎物拖出。兀鹰中除旧大陆秃鹫外都是些凶猛的捕食者，一般有鹰、雕、海雕、鵟、鸢等。鹰是勇猛的象征，许多民族视它们为自己的保护神，一些国家将它们放进了国徽中。在古代鹰还像狗一样被人们驯养用来狩猎。雕类一般比鹰的个体要大一些，在我国比较容易见到的是白肩雕。金雕我国也有分布，这是一种飞行速度极快的鸟，其俯冲的速度可高达300千米/小时，为飞行速度仅次于尖尾雨燕而居鸟类第二的大型猛禽。雕类另一个特殊之处在于它们能捕食比自己身体大一些的哺乳动物。雕类还是鸟类中比较长寿者之一，如金雕可活50年左右，而白肩雕则可活到60年。

拓展阅读

鸢

鸢又名“老鹰”。属于鹰科的一种小型的鹰，有长而狭的翼，分叉很深的尾，薄弱的喙，两足只适于攫取昆虫和小爬行动物，也吃腐食烂肉，以善于在天上做优美持久的翱翔著称。

鸢是一种美丽的猛禽，过去人们曾拿它们作观赏鸟，这种猛禽最明显的特征是有像燕子那样的双叉尾，它们的飞行动作也极其优美，我国古代人民很早就开始依它们的样子来制作风筝了。隼都是些较小的鸟，它们中的大多数为候鸟。由于它们比鹰更易驯服，所以自古以来它们中有许多成为猎人的好帮手。另外，一些有身份有地位的人则用这种鸟来炫耀威武，久而久之这成为一种臭名昭著的消遣方式，也正是这种方式使得大量的隼惨遭厄运，它们中的许多已到了灭绝的边缘，如矛隼、游隼等。隼科中最小的是菲律宾小隼，比麻雀稍大一点，以食虫为生，也食两栖类和小型爬行动物。

雕 鸮

鸮形在分类位置上比隼形目的进化程度要高出许多，但从化石方面来看，它们似乎出现得更早，其起源可追溯到白垩纪晚期，最早的化石是属古近纪古新世的古鸮。鸮类中最大的是雕鸮，长达75厘米；最小的是小鸺鹠，仅长12厘米，比麻雀还小。这类鸟眼睛一般都很大，向前平视，上眼睑能自由活动，瞬膜极发达。眼周的羽毛向四周呈放射状，加上多数有耳羽，这样使它们的头看上去显得比较大。鸮形类羽色很暗淡，混在环境中不易被发现。它们中的少数为夜行性鸟类，飞羽边缘有很细的羽丝，这使得它们和其他鸟类有很大的区别，在飞行时悄然无声。有意思

视杆细胞

人类每个眼球的视网膜内约有1.2亿个视杆细胞，其树突呈细杆状，称为视杆。视杆外节的膜盘除基部少数膜盘仍与胞膜相连外，其余大部分均在边缘处与胞膜脱离，成为独立的膜盘。膜盘的更新是由外节基部不断产生的，其顶端不断被色素上皮细胞所吞噬。膜盘上镶嵌有感光物质，称视紫红质，能感受弱光。

的是一些昼行性鸮类的飞羽却没有这些特征，如鱼鸮和雪鸮等，飞行起来会像其他大中型鸟那样弄出很大的声音。鸮类和攀禽类如鹦鹉、杜鹃等有相似的地方，那就是它们的外趾可向后，同时比攀禽优越的是这种外趾还能向前，这样既有利于它们在树枝上攀行，又利于它们的捕猎活动。由于夜行性鸮类视网膜中视杆细胞丰富且有反光色素层，这使得它们在白天时有白盲现象。

鸣 禽

喙外形不一，足短细，翼较发达。

鸣禽的体形大小不等，小的如戴菊和太阳鸟，大者如乌鸦。主要为陆栖鸟类，生活于多种多样的环境中，从开阔的草原至森林。虽然鸣禽包括一些鸣声最悦耳的鸟类，如鸫，但有些种类，如乌鸦的鸣声则刺耳；有些种类很少或从不鸣啭（zhuàn）婉转地鸣叫。雀科中的鸣禽类小鸟分布很广，遍及世界各地。它们毛色华丽，多数以种子为食，其中不乏善鸣的歌手。

灰喜鹊

基本小知识

鸣 膜

鸟类的发声器官在气管和支气管交界处，科学家称它为鸣管。鸣管是一种特化的构造，这里的气管内外壁都变薄而形成鸣膜。两支气管分叉处有鸣骨，上生半月膜。当气流通过鸣管时，鸣膜和半月膜振动发声。

煤山雀

鸣禽的鸣声因性别和季节的不同而有差异。繁殖季节的鸣声最为婉转和响亮，如画眉、乌鸦、黄鹂、灰喜鹊、煤山雀、黑卷尾、毛脚燕的鸣声各具特色。

鸣禽与其他栖鸟不同之处为具某些解剖特征，尤其是较复杂的发声器官——鸣管。鸣管位于气管分为两侧支气管的地方。此处的内外侧管壁均变薄，称为鸣膜，吸气和呼气时气流均能震动鸣膜而发出各种不同的声音。鸣管外侧生有鸣肌，鸣肌受神经支配，可控制鸣膜的紧张度。真鸣禽的鸣管最为复杂(但鸣啭能力并非仅由复杂的鸣管所决定，因为有些鸣禽几乎从不鸣啭)。有些鸣禽的气管长且复杂地盘曲，有时延长的部分位于胸骨之内。某些称为辉风鸟的天堂鸟，气管长并盘曲于胸部皮肤与肌肉之间。可能这样的气管用以使声音产生共鸣。

除了鸣啭本身外，鸣禽还能发出多种鸣声，可提供鸟类之间交往的功能。大都认为鸟类的鸣啭是用于求偶及繁育，

拓展阅读

鸣　禽

鸣禽为雀形目鸟类，种类繁多，包括83科。鸣禽善于鸣叫，由鸣管控制发音。鸣管结构复杂而发达，大多数种类具有复杂的鸣肌附于鸣管的两侧。鸣禽是鸟类中最进化的类群。分布广，能够适应多种多样的生态环境，因此外部形态变化复杂，相互间的差异十分明显。大多数属小型鸟类，嘴小而强，脚较短而强。鸣禽多数种类营树栖生活，少数种类为地栖。

主要是雄鸟用鸣声通知雌鸟自己已准备好交配，吸引雌鸟，可能也借鸣声激起雌鸟交配的欲望，或借以保持配对关系，并通知与之竞争的其他雄鸟，它已建立自己的占区，不许其他鸟侵入。雄鸟的鸣声也是威胁表态的一部分，用以代替与驱逐入侵者的真正的争斗。但有时鸟类也会自发地发出上述鸣声，却看不出上述目的的存在。偶然雌鸟也会鸣叫，尤其是热带的种类，配对的雌雄鸟会一同鸣叫，这可能是用作加强配偶间联系的手段。通常鸣啭从一系列鸟类经常停息的栖木上发出。有些鸟类，尤其是生活于草原的种类，在飞行中鸣啭。

白腹毛脚燕

鸣禽约占世界鸟类的3/5。鸣禽的外形和大小差异较大。小的如柳莺、绣眼鸟、山雀和啄木鸟，大如乌鸦、喜鹊，几乎遍布全中国。

鸣禽的食性各异。巢的结构相当精巧。如云雀、百灵等多以细草或动物的毛发编织成皿状巢，巢的边缘与地表平齐，而柳莺、麻雀等常用树叶、草茎、草根、苔藓等编织成球状巢。鸣禽是重要的食虫鸟类，在繁殖季节里它们能捕捉大量危害农业生产的害虫。

哺乳动物

哺乳动物是动物发展史上最高级的阶段，也是与人类关系最密切的一个类群。哺乳动物是具有四肢和身长毛发的恒温脊椎动物，是所有动物物种中最具适应环境和气候变化能力的动物种类。

◎ 进化史

哺乳动物

最早的哺乳动物化石是在中国发现的吴氏巨颅兽，它生活在2亿年前的侏罗纪。从化石上看，哺乳动物（尤其是早期的哺乳动物）与爬行动物非常重要的区别在于其牙齿。爬行动物的每颗牙齿都是同样的，彼此没有区别，而哺乳动物的牙齿按它们在颌上的不同位置分化成不同的形态，动物学家可以通过各种牙齿类型的排列来辨别不同品种的动物。此外，爬行动物的牙齿不断更新，哺乳动物的牙齿除乳牙外不再更新。在动物界中只有哺乳动物耳中有3块骨头。它们是由爬行动物的两块颌骨进化而来的。

到古近纪为止所有的哺乳动物都很少。在恐龙灭绝后哺乳动物占据了许多生态位。到第四纪哺乳动物已经成为陆地上占支配地位的动物了。

◎ 主要特征

胎生的虎

哺乳动物具备了许多独特的特征，因而在进化过程中获得了极大的成功。

最重要的特征

智力和感觉能力的进一步发展；保持恒温；繁殖效率提高；获得食物及处理食物的能力增强；体

表有毛、胎生，一般分头、颈、躯干、四肢和尾 5 个部分；用肺呼吸；体温恒定，是恒温动物；脑较大而发达。哺乳和胎生是哺乳动物最显著的特征。胚胎在母体里发育，母兽直接产出胎儿。母兽都有乳腺，能分泌乳汁哺育仔兽。这一切涉及身体各部分结构的改变，包括脑容量的增大和新脑皮的出现，视觉和嗅觉的高度发展，听觉比其他脊椎动物有更大的特化。牙齿和消化系统的特化有利于食物的有效利用。四肢的特化增强了活动能力，有助于获得食物和逃避敌害。呼吸、循环系统的完善和独特的毛被覆盖体表有助于维持其恒定的体温，从而保证它们在广阔的环境条件下生存。胎生、哺乳等特有特征，保证其后代有更高的成活率及一些种类的复杂社群行为的发展。

拓展思考

胎 生

动物的受精卵在动物体内的子宫里发育的过程叫胎生。胚胎发育所需要的营养可以从母体获得，直至出生时为止。胚胎在发育时通过胎盘吸取母体血液中的营养物质和氧，同时把代谢废物送入母体。胎儿在母体子宫发育完成后直接产出。

皮 肤

哺乳动物的皮肤致密，结构完善，有着重要的保护作用，有良好的抗透水性，有控制体温及敏锐的感觉功能。为适应于多变的外界条件，其皮肤的质地、颜色、气味、温度等能与环境条件相协调。

哺乳动物皮肤的主要特点为：

（1）皮肤的结构完善。哺乳动物的皮肤由表皮和真皮组成，表皮的表层为角质层，表皮的深层为活细胞组成的生发层。表皮有许多衍生物，如各种腺体、毛、角、爪、甲、蹄。真皮发达，由胶原纤维及弹性纤维的结缔组织

构成，两种纤维交错排列，其间分布有各种结缔组织细胞、感受器官、运动神经末梢及血管、淋巴等。在真皮下有发达的蜂窝组织，绝大多数哺乳动物在此贮藏有丰富的脂肪，故又称为皮下脂肪细胞层。

（2）皮肤的衍生物多样。哺乳动物的皮肤衍生物，包括皮肤腺、毛、角、爪、甲、蹄等。

皮肤腺：十分发达，来源于表皮的生发层，根据结构和功能的不同，可分为乳腺、汗腺、皮肤腺、气味腺（麝香腺）等。

乳腺为哺乳类所特有的腺体，能分泌含有丰富营养物质的乳汁，以哺育幼仔。乳腺是一种由管状腺和泡状腺组成的复合腺体，通常开口于突出的乳头上。乳头分真乳头和假乳头两种类型，真乳头有一个或几个导管直接向外开口；假乳头的乳腺管开口于乳头基部腔内，再由总的管道通过乳头向外开口。乳头的数目随种类而异，2～19 个，常与产仔数有关。低等哺乳动物单孔类不具乳头，乳腺分泌的乳汁沿毛流出，幼仔直接舐吸。没有嘴唇的哺乳动物如鲸，其乳腺区有肌肉，能自动将乳汁压入幼鲸口腔。

另一种皮肤腺为汗腺，是一种管状腺，它的主要机能是蒸发散热及排除部分代谢废物。体表的水分蒸发散热即出汗，是哺乳动物调节体温的一种重要方式，一些汗腺不发达的种类，主要靠口腔、舌和鼻表面蒸发来散热。

皮脂腺为泡状腺，开口于毛囊基部，为全浆分泌腺，其分泌物含油，有润滑毛和皮肤的作用，也是一种重要的外激素源。气味腺为汗腺或皮脂腺的衍生物，主要功能是标记领域、传递信息，有的还具有自卫保护的作用。气味腺有数十种，如麝香腺、肛腺、腹腺、侧腺、背腺、包皮腺等。气味腺的出现及发达程度，通常是与哺乳类以嗅觉作为主要猎食方式相联系的，而以视觉作为主要定位器的类群其嗅觉及气味腺均显著退化。

知识小链接

竖毛肌

在哺乳类动物的皮肤上，在毛根与皮肤面呈钝角的一侧，和毛囊底稍微离开的位置上，与真皮表层相结的微小的滑平肌纤维束。在由于寒冷及其他原因引起收缩时，可使皮肤面上斜长着的毛成为直立的状态，与此同时，压迫皮脂腺，使之分泌，在皮肤表面上出现粟粒大小的隆起（鸡皮疙瘩）。据说竖毛肌也有调节体温的作用，是由真皮性毛囊发生的。

毛：是哺乳动物所特有的结构，为表皮角化的产物。毛由毛干及毛根组成。毛干是由皮质部和髓质部构成的。毛根着生于毛囊里，外被毛鞘，末端膨大呈球状称毛球，其基部为真皮构成的毛乳头，内有丰富的血管，可输送毛生长所必须的营养物质。在毛囊内有皮脂腺的开口，可分泌油脂，润滑毛、皮。毛囊基部还有竖毛肌附着，收缩时可使毛直立，有助于体温调节。按毛的形态结构，可将毛划分为长而坚韧并有一定毛向的针毛（刺毛），柔软而无毛向的绒毛，以及由针毛特化而成的触毛。哺乳类动物体外的被毛常形成毛被，主要机能是绝热、保温。水生哺乳动物基本上属于无毛的种类，如鲸，有发达的皮下脂肪，以保持体温的恒定。毛常受磨损和退色，通常每年有一两次周期性换毛，一般夏毛短而稀，绝热力差，冬毛长而密，保温性能好。陆栖哺乳动物的毛色与其生活环境的颜色常保持一致，通常森林或浓密植被下层的哺乳动物毛呈暗色，开阔地区的呈灰色，

沙漠中的骆驼

沙漠地区的多呈沙黄色。

角：是哺乳动物头部表皮及真皮特化的产物。表皮产生角质角，如牛、羊的角质鞘及犀的表皮角，真皮形成骨质角，如鹿角。哺乳类动物的角可分为洞角、实角、叉角羚角、长颈鹿角、表皮角等5种类型。

拓展阅读

衍生物

衍生物指母体化合物分子中的原子或原子团被其他原子或原子团取代所形成的化合物。衍生物命名时，一般以原母体化合物为主体，以其他基团为取代基。

爪、甲和蹄：均属皮肤的衍生物，是指（趾）端表皮角质层的变形物，只是形状功能不同。爪，为多数哺乳类动物所具有，从事挖掘活动种类的爪特别发达。食肉类的爪十分锐利，如猫科动物的爪锐利且能伸缩，是有效的捕食武器。甲，实质为扁平的爪，为灵长类所特有。蹄，为增厚的爪，有蹄类动物蹄特别发达，并可不断增生，以补偿磨损部分。

骨 骼

哺乳动物的骨骼系统发达，支持、保护和运动的功能完善。主要由中轴骨骼和附肢骨骼两大部分组成。其结构和功能上主要的特点是：头骨有较大的特化，具两个枕骨髁，下颌由单一齿骨构成，牙齿异型；脊柱分区明显，结构坚实而灵活，颈椎7枚；四肢下移至腹面，出现肘和膝，将躯体

虎有健壮的骨骼

刺 猬

撑起，适应陆上快速运动。

肌 肉

哺乳类动物的肌肉系统与爬行类动物基本相似，但其结构与功能均进一步完善。主要特征：四肢及躯干的肌肉具有高度可塑性。为适应不同运动方式出现了不同的肌肉模式，如适应于快速奔跑的有蹄类动物及食肉类动物四肢肌肉发达。

皮肌十分发达。哺乳类动物的皮肌可分为两组：一组为脂膜肌，可使周身或局部皮肤颤动，以驱逐蚊蝇和抖掉附着的异物。脂膜肌还可把身体蜷缩成球或把棘刺竖立防御敌害，如鲮鲤、豪猪、刺猬。哺乳类动物中高等的种类脂膜肌退化，仅在胸部、肩部和腹股沟偶有保留。另一组皮肌为颈括约肌，其表层的颈阔肌沿颈部腹面向下颌及面部延伸，形成颜面肌及表情肌。哺乳类动物中的低等种类无表情肌，食肉动物出现表情肌，灵长类的表情肌发

拓展思考

皮 肌

腔肠动物中的高级种类，例如水母，其上皮肌肉细胞虽有向独立上皮细胞变化的情况，但不过是在外胚层或内胚层下方形成的一薄层。扁形动物则分化成排列在体表表皮下的纵肌、横肌、斜肌、环形肌，这些合称为皮肌。皮肌所占的层称皮肌层。扁形动物以上的几乎所有动物群都有皮肌、背腹肌和器官肌3种肌肉，只有轮形动物无皮肌。皮肌中的纵肌在身体细长的动物中特别发达，线形动物、环节动物、节肢动物、毛颚动物等有4~8根明显的肌束，有的说法认为这个事实是这些动物群亲缘关系的证据。

育好，人类的表情肌最为发达，约有30块。

消化系统

哺乳动物的消化系统包括消化管和消化腺。在结构和功能上表现出的主要特点是：消化管分化程度高，出现了口腔消化，消化能力得到显著提高。与之相关联的是消化腺十分发达。

（1）消化管

包括口腔、咽、食管、胃、小肠、大肠等。

（2）消化腺

哺乳动物的消化腺除3对唾液腺外，在横膈后面，小肠附近还有肝脏和胰脏，分别分泌胆汁和胰液，注入十二指肠。肝脏除分泌胆汁外，还有贮存糖原、调节血糖，使多余的氨基酸脱氧形成尿及其他化合物，将某些有毒物质转变为无毒物质，合成血浆蛋白质等功能。

基本小知识

糖　原

一种广泛分布于哺乳类及其他动物肝、肌肉等组织中的、多分散性的高度分支的葡聚糖，用于能源贮藏。

呼　吸

哺乳动物的呼吸系统十分发达，特别是在呼吸效率方面有了显著提高。空气经外鼻孔、鼻腔、喉、气管而入肺。

狼的呼吸系统很发达

胸腔是容纳肺的体腔，为哺乳动

物所特有，当呼吸活动进行时，肺的弹性使胸腔呈负压状态，从而使胸膜的壁层和脏层紧贴在一起。此外，哺乳动物所特有的将胸腔与腹腔分开的横膈膜，在运动时可改变胸脏容积，再加上肋骨的升降来扩大或缩小胸腔的容积，使哺乳动物的肺被动地扩张和回缩，以完成呼气和吸气。

循 环

哺乳动物的循环系统包括血液、心脏、血管及淋巴系统。其显著特征是在维持快速循环方面十分突出，以保证有足够的氧气和养料来维持体温的恒定。

你知道吗

淋巴系统

淋巴系统像遍布全身的血液循环系统一样，也是一个网状的液体系统。该系统由淋巴管道、淋巴器官、淋巴液组成。淋巴结的淋巴窦和淋巴管道内含有淋巴液，是由血浆变成的，但比血浆清，水分较多，能从微血管壁渗入组织空间。淋巴器官包括淋巴结、脾、胸腺和腭扁桃体等，脾脏是最大的淋巴器官，脾能过滤血液，除去衰老的红细胞，平时作为一个血库储备多余的血液。淋巴组织为含有大量淋巴细胞的网状组织。

◎分 类

1. 原兽类特征为卵生，卵有壳。

现生哺乳类动物中最原始而奇特的动物，当属鸭嘴兽。它仅分布于澳大利亚东部约克角至澳大利亚南部之间，在塔斯马尼亚岛也有栖息。

它是最古老而又十分原始的哺乳动物，早在2 500万年前就出现了。它本身的构造，提供了哺乳动物由爬行类进化而来的许多证据。

凡见过鸭嘴兽的人都说它长得实在太怪异了。当初英国移民进入澳大利亚发现鸭嘴兽时，惊呼其为“不可思议的动物”。鸭嘴兽长约40厘米，全身裹着柔软褐色的浓密短毛，脑颅与针鼹相比，较小，大脑呈半球状，光滑无

鸭嘴兽

回。四肢很短，五趾具钩爪，趾间有薄膜似的蹼，酷似鸭足，在行走或挖掘时，蹼反方向褶于掌部。吻部扁平，形似鸭嘴，嘴内有宽的角质牙龈，但没有牙齿。尾大而扁平，占体长的1/4，在水里游泳时起着舵的作用。

它的体温很低，而且能够迅速波动。

雄性鸭嘴兽后足有刺，内存毒汁，喷出可伤人，几乎与蛇毒相近，人若受毒距刺伤，即引起剧痛，数月才能恢复。这是它的“护身符”，雌性鸭嘴兽出生时也有毒距，但在长到30厘米时就消失了。鸭嘴兽为水陆两栖动物，平时喜穴居水畔，在水中时眼、耳、鼻均紧闭，仅凭知觉用扁软的“鸭嘴”觅食贝类。其食量很大，每天所消耗食物与自身体重相等。

拓展思考

鸭嘴兽

鸭嘴兽是最原始的哺乳动物之一，它的尾巴扁而阔，前、后肢有蹼和爪，适于游泳和掘土。鸭嘴兽穴居在水边，以蠕虫、水生昆虫和蜗牛等为食。繁殖时雌鸭嘴兽每次产两枚卵，幼兽从母兽腹面濡湿的毛上舔食乳汁。鸭嘴兽是极少数用毒液自卫的哺乳动物之一，是珍贵的单孔目动物。

母体虽然也分泌乳汁哺育幼仔成长，但却不是胎生而是卵生。即由母体产卵，像鸟类一样靠母体的温度孵化。母体没有乳房和乳头，在腹部两侧分泌乳汁，幼仔就伏在母兽腹部上舔食。

幼体有齿，但成体牙床无齿，而由能不断生长的角质板所代替，板的前方咬合面形成许多隆起的横脊，用以压碎贝类、螺类等软体动物的贝壳，或剁碎其他食物；后方角质板呈平面状，与板相对的扁平小舌有辅助的“咀嚼”作用。

知识小链接

针　鼹

针鼹，针鼹科动物的统称。外形似刺猬，尾很短，体长40～50厘米。体毛有的变成坚硬的刺，刺间和腹面有细毛。吻尖短而直，外包有角质鞘。无齿，舌细长如线，上有黏液，能伸出口外粘捕食物。腿短，前后肢各有5个爪，长而锐利，适于挖掘。似鼹鼠，多夜间活动，穴居，以白蚁、蚁类和其他虫类为食。卵生，通常每次仅产1个卵。

鸭嘴兽生长在河、溪的岸边，大多时间都在水里，皮毛有油脂，能使身体在较冷的水中仍保持温暖。

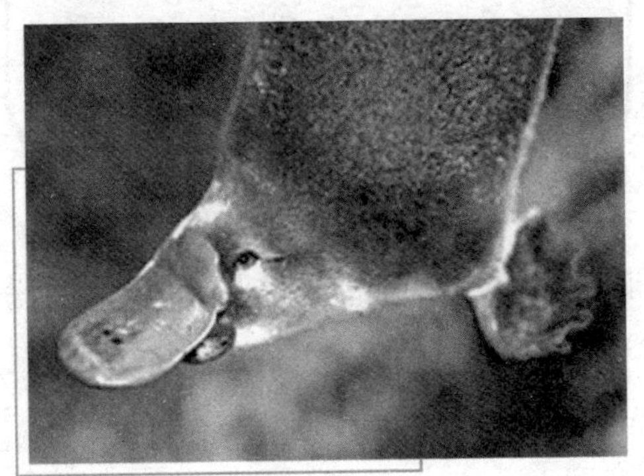

成年鸭嘴兽

鸭嘴兽的生殖是在岸边所挖的长隧道内进行的。6个月后的小鸭嘴兽就得学会独立生活，自己到河床底觅食了。

鸭嘴兽在水中追逐交尾，卵似乌龟蛋状。鸭嘴兽是夜行性生物，惯于白天睡觉，夜晚活动。

2. 后兽类它们不具真正的胎盘，幼儿在育儿袋中发育。

袋鼠原产于澳大利亚大陆和巴布亚新几内亚的部分地区。其中，有些种类为澳大利亚所独有。所有澳大利亚袋鼠，动物园和野生动物园里的除外，

胎盘

胎盘是后兽类和真兽类哺乳动物妊娠期间，由胚胎的胚膜和母体子宫内膜联合长成的母子间交换物质的过渡性器官。胎儿在子宫中发育，依靠胎盘从母体取得营养，而双方保持相当的独立性。胎盘还产生多种维持妊娠的激素，是一个重要的内分泌器官。有些爬行类动物和鱼类也以胎生方式繁殖后代，胚胎生长出一些辅助结构，如卵黄囊、鳃丝等与母体组织紧密结合，以达到母子间物质的交换，这样的结构称假胎盘。产妇分娩后的胎盘还是一种中药，称之为人胎衣、紫河车。

都在野地里生活。不同种类的袋鼠在澳大利亚各种不同的自然环境中生活。

袋鼠是食草动物，吃多种植物，有的还吃真菌类。它们大多在夜间活动，但也有些在清晨或傍晚活动。不同种类的袋鼠在各种不同的自然环境中生活。比如，波多罗伊德袋鼠会给自己做巢而树袋鼠则生活在树丛中。大种袋鼠喜欢以树、洞穴和岩石裂缝作为遮蔽物。

所有袋鼠，不管体积多大，有一个共同点：长着长脚的后腿强健而有力。袋鼠以跳代跑，最高可跳到 4 米，最远可跳至 13 米，可以说是跳得最高最远的哺乳动物。大多数袋鼠在地面生活，从它们跳跃的方式很容易便能将其与其他动物区分开来。袋鼠在跳跃过程中用尾巴保持平衡，当它们缓慢走动时，尾巴则可作为第五条腿。袋鼠的尾巴又粗又长，长满肌肉。它既能在袋鼠休息时支撑袋鼠的身体，又能在袋鼠跳跃时帮助袋鼠跳得更快更远。

所有雌性袋鼠都长有前开的育儿袋，育儿袋里有 4 个乳头。“幼崽”或小袋鼠就在育儿袋里被抚养长大，直到它们能在外部世界生存。

袋鼠是澳大利亚著名的哺乳动物，在大洋洲占有很重要的生态地位。袋鼠一般身高有 2.6 米，体重约有 80 千克。

袋鼠图常作为澳大利亚国家的标志，如绿色三角形袋鼠用来代表澳大利亚制造。袋鼠图还经常出现在澳大利亚公路上，表示附近常有袋鼠出现，提醒行车，特别是夜间行车要注意，因为袋鼠的视力很差，加上对灯光的好奇会跳去“看个究竟”，这样就容易被行车撞到。但因为袋鼠的繁殖率高，所以即使行车不小心撞死了袋鼠也不需要负责，会有专门的人把袋鼠的尸体收走。

小袋鼠

袋鼠通常以群居为主，有时可多达上百只，但也有些较小品种的袋鼠会单独生活。

袋鼠不会行走，只会跳跃，或在前脚和后腿的帮助下奔跳前行。袋鼠属夜间生活的动物，通常在太阳下山后几个小时才出来寻食，而在太阳出来后不久就回巢。

袋鼠每年生殖 1 ~ 2 次，小袋鼠在受精 30 ~ 40 天后出生。它们非常微小，无视力，少毛，生下后立即存放在袋鼠妈妈的保育袋内，直到 6 ~ 7 个月后才开始短时间地离开保育袋学习生活。一年后才能正式断奶，离开保育袋，但仍活动在袋鼠妈妈附近，随时获取帮助和保护。袋鼠妈妈可同时拥有一个在袋外的小袋鼠，一个在袋内的小袋鼠和一个待产的小袋鼠。

群 居

群居即成群聚居，与独居相对应，又指生物体的生活习性，如群居动物，人和蚂蚁都是群居动物。字面理解，群，就是不是指单个的个体，而是三个以上的个体，三个以上的个体居住生活在一起，就可以称之为群居。

3. 真兽类，特征为有胎盘，胎儿发育完善后才产出，占哺乳类动物的绝大部分，并分为14类。

群居的袋鼠

（1）食虫类。身体外表有柔毛或硬刺的、外形似小老鼠的小型有胎盘类动物，包括猬、金鼹、鼹鼠、鼩鼱、刺毛鼩猬、毛猬、古巴鼩和马达加斯加猬，主要以昆虫、其他节肢动物和蚯蚓为食。

鼹 鼠

食虫动物几乎占所有哺乳动物种类的10%，体形多如小鼠或小型大鼠。大多数食虫动物既可地栖也可穴居，有些为水陆两栖，少数栖于树上或森林下层植被中。几乎吃各种无脊椎动物或小型脊椎动物。其脑部的嗅叶十分发达，因此嗅觉极为敏锐。然而，与大多数其他胎盘哺乳动物相比，其大脑半球较小，表现为智力和操作能力较低。多数有长而灵活的吻（鼻），上有敏感的触毛，用来探查落叶、土壤、泥浆或水，以触觉和嗅觉来定位捕食猎物。可用前足将猎物按住，但通常是用牙咬住，仅用嘴和长鼻子即可捕食直到吞下猎物。其视力很差，眼小、退化，古巴鼩、鼩鼱、鼹鼠和金鼹的眼睛覆盖有皮肤。

（2）鳞甲类。身体细长，体长30～92厘米，尾长27～88厘米，体重一般2～5千克，最重达25千克以上，雄兽常较雌兽大些。头、嘴和眼均小，耳壳有或缺；四肢短粗，各具五指（趾）；尾扁平而长；躯体被以暗褐、暗橄榄褐或浅黄色鳞片，覆瓦状排列，可为防御天敌侵害的工具；舌细长，能伸缩，适于舔食蚁类及其他昆虫；具双角子宫和散布胎盘，雌兽胸位有乳头两个。地栖或树栖。独居或雌雄结对。性怯懦，遇敌即将躯体卷曲成球状，把头部埋在其中，并耸起鳞片，保护自己，有时还从肛门排出恶臭液体，以驱避天敌。尾可缠绕，极善攀缘。树栖者白天隐于树洞，地栖者挖洞或利用其他动物的弃洞。晚上活动，食白蚁、蚁类及其他昆虫。每胎一仔，出生后第二天鳞片即由软变硬。目前鳞甲类动物有7种，其中亚洲3种，非洲4种。中华穿山甲，见于中国南方（包括台湾省）、尼泊尔和中南半岛。另外有印度穿山甲、马来穿山甲、大穿山甲、南非穿山甲、树穿山甲和长尾穿山甲等。

拓展思考

嗅叶

嗅叶是嗅脑的周围部，位于大脑半球底面的最前端，是专司嗅觉的突出部分。嗅叶的前端一般为球状，称为“嗅球”。左右各一，有嗅神经通入。鱼类的嗅叶很发达，哺乳动物和人的很小，隐藏于大脑半球前部的腹内侧。

中华穿山甲

（3）翼手类。除极地和大洋中的一些岛屿外，分布于全世界。翼手类的

蝙　蝠

动物在四肢和尾之间覆盖着薄而坚韧的皮质膜，可以像鸟一样鼓翼飞行，这一点是其他任何哺乳动物所不具备的。为了适应飞行生活，翼手类动物进化出了一些其他类群所不具备的特征，这些特征包括特化伸长的指骨和连接其间的皮质翼膜；前肢拇指和后肢各趾均具爪，可以抓握；发达的胸骨进化出了类似鸟类的龙骨突，以利胸肌着生；发达的听力等。

蝙蝠是对翼手类动物的总称。蝙蝠可以分为两种：大蝙蝠和小蝙蝠。前者体形较大，多以水果为食，如著名的狐蝙，翼展可达 90 厘米之巨；后者体形远较前者小，多以昆虫为食。

野　兔

（4）兔形类。包括兔、野兔和鼠兔。前两者耳长、尾短、后肢发达，善跳跃；后者耳短圆，尾不外露，后肢不发达，能奔跑。兔形类动物均为中、小型兽类，最小的体长 150 厘米，体重 100 克，如鼠兔；最大的体长 700 厘米，体重 4.5 千克，如野兔。毛色多为浅褐色或红褐色，下体色较浅或为白色。雪兔于冬季为白色，仅耳尖黑色，夏季变为浅灰色或米黄色。

门齿发达，持续生长，上颚两对，下颚一对，适于切断植物茎及啃咬树皮。唇活动灵活，分两瓣，闭口时于门齿后立相接触。无犬齿。颊牙位置较靠后，亦持续生长。上腭牙列各牙间隔较宽。咀嚼时腭部做横向运动，腭部咀嚼肌不及啮齿类发达。小肠长，内壁有螺旋瓣，以增加消化、吸收面积。盲肠大，位于小肠与大肠相连接处，内有细菌，有助于消化，并能产生含营养素的软类团。前足4趾，后足4~5趾。趾行性。

基本小知识

盲 肠

盲肠是大肠中最粗、最短、通路最多的一段。在十二指肠右后方，可见到盲肠的一部分，拉开盲肠观察，是两条长的盲管，盲端朝后。

（5）啮齿类。上下颌只有一对门齿，喜啮咬较坚硬的物体；门齿仅唇面覆以光滑而坚硬的珐琅质，磨损后始终呈锐利的凿状；门齿无根，能终生生长。均无犬齿，门齿与颊齿间有很大的齿隙。下颌关节突与颅骨的关节窝联结比较松弛，既可前后移动，又能左右错动，既能压碎食物，又能碾磨植物纤维。听泡较发达，盲肠较粗大。雌性具双角子宫，雄性的睾丸在非繁殖期间萎缩并隐于腹腔内。该类种数占哺乳动物的40%~50%，个体数目远远超过其他全部类群数目的总和。

多数啮齿类动物在夜间或晨昏活动，但也有不少种类白昼活动。冬季活动量一般减少，在冬季到来前，或在体内贮存脂肪供蛰伏时用，或秋季开始储存食物。有些口中生有临时贮放食物的颊囊。生活在中亚沙漠区的细趾黄鼠有夏眠习性。

啮齿类

知识小链接

颊囊

灵长目的猕猴和啮齿目的松鼠、黄鼠、仓鼠等动物的口腔内两侧，具有一种特殊的囊状结构，称为颊囊。颊囊有暂时贮存食物的功能。此外，单孔目的鸭嘴兽也具有颊囊，这种颊囊的功能更为特殊，不是用来贮存食物，而主要用来收集细小的砾石，帮助磨碎几丁质或其他硬质的食物。

林区的种类常在树杈上、树洞内或树根下筑巢，而巢鼠在高草的上部做巢。两栖的个别种类在水边筑巢，部分洞口开向水中。河狸修造浮在水面上的巢和水坝。

巢 鼠

多数种类取食植物，有些也吃动物性食物。许多鼠类与仓鼠类的臼齿咀嚼面都有适于碾磨植物种子的结构，有 2 ~ 3 列丘状齿尖或复杂的齿纹。以啃食树木为生的河狸则具有巨大而锋利的门齿和适于压嚼木质的阔臼齿。啮齿类动物的牙齿数一般不超过 22 枚，但非洲的多齿滨鼠属有 28 枚牙齿，而新几内亚的一齿鼠只有 4 枚门齿和 4 枚臼齿。

（6）贫齿类。多数有齿（食蚁兽没有牙齿）但无齿根（故名），齿可终生生长。这些牙齿构造简单，没有釉质。不具门牙和犬牙。体重一般 4 ~ 20 千克，最大者达 55 千克。体长 15 ~ 130 厘米。

贫齿类动物是美洲的特产。原本仅分布于南美洲，但在南北美洲再次相连后，部分贫齿类成员进入了北美洲。但在始新世，于现在德国一带出现了欧洲食蚁兽（已灭绝）。

(7) 食肉类。俗称猛兽或食肉兽。牙齿尖锐而有力，具食肉齿（裂齿），即上颌最后一枚前臼齿和下颌最前一枚臼齿。上裂齿两个大齿尖和下裂齿外侧的两大齿尖在咬合时好似铡刀，可将韧带、软骨切断。大齿异常粗大，长而尖，颇锋利，起穿刺作用。反应迅速，动作灵敏、准确、强而有力。不论体形粗壮的熊还是小巧的黄鼬，以至家猫、家犬等，均具发达的大脑和感觉器官，嗅觉、视觉和听觉均较发达。例如，警犬的灵敏嗅觉和家猫适应光照强弱的可张可缩的瞳孔都是人们所熟知的。食肉类动物体形矫健，肌肉发达，四肢的趾端具锐爪，以利于捕捉猎物。生活方式为掠食性，猎物多为有蹄类动物、各种鼠类、鸟类以及某些大型昆虫等。捕杀方式多种多样，或隐伏要路等待，或嗅迹跟踪、潜伏靠近，凭借利齿和锐爪为武器进行突然袭击。另一种攻击方式是长距离的追逐捕杀。狼和豺等动物更发展成类似集体分工的围猎方式。猫类和鼬类是以肉为主食的典型食肉兽；犬类和灵猫类次之，除肉类外尚包括部分植物果实；熊类和浣熊类进食植物性食物的比重增大，近于杂食；鬣（liè）狗类的捕食成果经常被狮子抢夺，需要以腐肉补充，缟鬣狗则以蚂蚁为主食；唯一的素食者为大熊猫，以嫩竹和竹笋为主食。绝大多数食肉动物单独生活，每个成体往往占据一定面积的活动区域，作为独自寻食的游猎区，并竭力守卫自己的“领地”。不少种类均具较为发达的分泌腺，北美臭鼬类的分泌物气味强烈，可使人一时昏厥。分泌腺既是自卫的武器，又是通讯联络和标记领域的手段。食肉动物多昼伏夜出。

食蚁兽

（8）鳍足类。海生食肉兽，体形纺锤状；牙齿与陆栖食肉兽相似，但犬齿、裂齿等分化不明显；肢呈鳍状，大部分隐于皮下，后肢遥在体的后端与发达的尾部连在一起为主要游泳器官；趾间具蹼，前肢第一趾最长，后肢第一或第五两趾较中央的三趾长。包括海狗、海象和海豹3种：海豹科共19种，数量多亦最常见；海狗科共14种，具外耳壳和阴囊，多具集群的习性；海象科仅一种，上犬齿巨大，露于唇外，成为獠牙，分布于世界各大洋。

拓展阅读

裂　齿

哺乳动物食肉目中的猫、犬、狼、虎、豹、狮等动物的牙齿为切齿型，上颌的最后1个前臼齿和下颌的第1臼齿特别发达，齿冠面上具有尖锐的齿尖，当两齿上下咬合时，可将捕获的动物皮肉撕裂，故称为裂齿。

海　豹

鳍足类动物完全失去在陆地上站立和行走的能力，体形似陆兽，体表密被短毛。头圆，颈短；五趾完全相连，发展成肥厚的鳍状；前肢可划水，游泳依靠身体后部的摆动，速度很快，在水中俯仰自由，又可迅速变换方向；鼻和耳孔有活动瓣膜，潜水时可关闭鼻孔和外耳道；呼吸时上升到水面，仅露出头顶部，用力迅速换气，然后长时间潜水，游出一段距离后，再次上升呼吸。一般多在水中活动，但也常在海滩上休息、睡眠。繁殖时期在海岛岸边或浮冰上进行交配、育幼和换毛。在陆地上行动笨拙而缓慢，全靠振动身体作蠕动状前进。身体大小不一，从体长1米左右的海豹到3米长的海象、海狮不等，最大的是象海豹，雄体长达6米。

鳍足类动物的雌雄两性体形大小差别显著，雄性一般大于雌性一倍左右。繁殖方式：一雄多雌，雄兽往往为争配偶而相互争斗。以各种鱼类为主要食物，吃蟹、乌贼和企鹅，掘食蚌、蛤等。鳍足类动物均富有脂肪，人们为了取得脂油和海狮类的毛皮，常常大量捕杀，以致海象和海狮类动物的数量大减。现为国际保护条约保护的动物之一。

海　牛

（9）海牛类。通称海牛。外形呈纺锤形，颇似小鲸，但有短颈，与鲸不同。体长2.5～4.0米，体重达360千克左右；海牛皮下储存大量脂肪，能在海水中保持体温；前肢特化呈桨状鳍肢，没有后肢，但仍保留着一个退化的骨盆；有一个大而多肉的扁平尾鳍；胚胎期有毛，初生的幼兽尚有稀疏的短毛，至成体则躯干基本无毛，仅嘴唇周围有须，头部有触毛；头大而圆，唇大，由于短颈，头能灵活地活动，便于取食；鼻孔的位置在吻部的上方，适于在水面呼吸，鼻孔有瓣膜，潜水时封住鼻孔；肠的长度超过20米；胃分两室，贲门室有腺状囊，幽门室有一对盲囊；眼小，视觉不佳；听觉良好；肺窄而长，无肺小叶；头骨大，但颅室较小，脑不发达。海牛目

知识小链接

骨　盆

髋骨是由髂骨、坐骨及耻骨联合组成的不规则骨骼。骨盆的关节包括耻骨联合、骶髂关节及骶尾关节。骨盆的主要韧带有骶骨、尾骨与坐骨结节间的骶结节韧带和骶骨、尾骨与坐骨棘之间的骶棘韧带。

在海洋哺乳动物中是相当特殊的一群，所属物种均为植食性，以海草与其他水生植物为食。现存共有 4 种海牛目动物，分为两个科：海牛科的 3 种海牛，与儒艮科的儒艮。儒艮科的另一物种大海牛曾存活至近代，但已在 18 世纪时被猎捕至灭绝。

（10）鲸类。鲸是一种哺乳动物，体形是世界上存在的动物中最大的。祖先和牛羊一样生活在陆地上，因为对海里的食物产生了喜爱，就迁徙到了浅海湾。又过了很长一段时间，身体慢慢退化，演变成了像鱼类一样的样子，才适应了海洋生活。

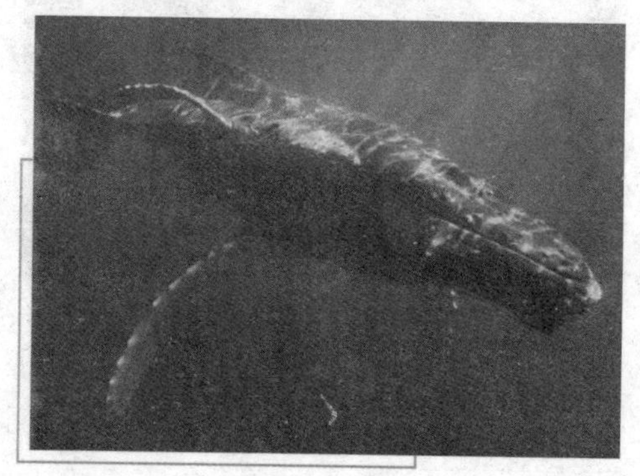

鲸

鲸身体很大，最大的体长可达 30 米，最小的也超过 6 米。目前，已知的最大的鲸约有 16 万千克重，我国发现了一头近 4 万千克重的鲸，约有 17 米长。鲸的体形像鱼，呈梭形。头部大，眼小，耳壳完全退化。颈部不明显。前肢呈鳍状，后肢完全退化。多数种类背上有鳍；尾呈水平鳍状，是主要的运动器官。有齿或无齿。鼻孔 1 ~ 2 个，开在头顶。成体全身无毛（有许多种类只在嘴边尚保存一些毛）。皮肤下有一层厚的脂肪，可以保温和减小身体的比重。用肺呼吸，在水面吸气后即潜入水中，可以潜泳 10 ~ 45 分钟。一般以浮游动物、软体动物和鱼类为食。胎生，通常每胎产一仔，以

虎　鲸

乳汁哺育幼鲸。许多人将鲸分为鱼类，事实上它们不是鱼类而是哺乳动物。分布在世界各海洋中。

浮　游

浮游意为：在水面上漂浮移动，漫游。浮游生物指身体很小，缺乏或仅有微弱游动能力，受水流支配而移动的水生生物。

鲸是水栖哺乳动物，用肺呼吸，其种类分为两类，须鲸类，无齿，有鲸须，鼻孔两个，像长须鲸、蓝鲸、座头鲸、灰鲸等；齿鲸类，有齿，无鲸须，鼻孔一个，像抹香鲸、独角鲸、虎鲸等。海洋中绝大部分氧气和大气中60%的氧气是浮游植物制造的。须鲸却能消灭浮游植物的劲敌——浮游动物。另外，齿鲸也有助于保持鱼类的生态平衡。齿鲸的食物就是以鱼为食的大型软体动物。

（11）长鼻类。长鼻类是哺乳动物中体形较大的一类，目前世界上最大的陆地动物非洲象就属于长鼻类。在长鼻类演化过程中曾经出现过很多种类，但这些种类大都先后绝种，至今只有在亚洲南部的森林和非洲草原才存在野生的长鼻类动物，分别称为亚洲象和非洲象。亚洲象体形较小，只有公象才有大象牙，非洲象体形较大，公象、母象都有大象牙。

【始祖象】

始祖象是长鼻类动物的始祖，在始新世后期（约4 000万年前）的非洲埃及地区生活，体形介于现代猪和牛之间。它没有长鼻，只有较为突出的鼻子。第二对门齿稍大些，这可能是后来象牙的雏形。

始祖象

【黄河剑齿象】

1973年，在我国甘肃省合水县被发现，身长8米，身高4米，象牙长达3米，年代为更新世早期（约200多万年前）。当时我国西北部的气候条件跟现在的非洲大草原很相似。

剑齿象

【猛犸】

猛犸曾经在亚洲、欧洲、北美洲出现过，在长鼻类中属于大型体形。它的象牙比剑齿象更大更长，可以达到4米甚至5米，身高超过4米的个体很常见。有一种名为真猛犸的猛犸，身上有很厚的皮毛可以抵御严寒，它们生活在西伯利亚和阿拉斯加，大约在1万年前绝种，至今在这些地方的冻土层中仍可发现它们的尸体。

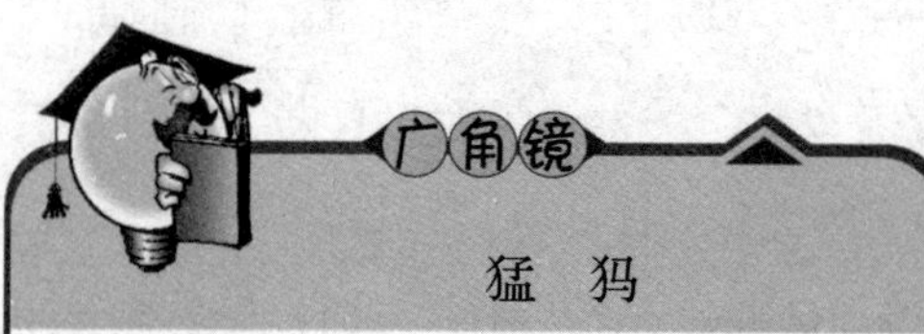

广角镜

猛　犸

猛犸，古脊椎动物，哺乳纲，长鼻目，真象科，最著名的种类是真猛犸象，即长毛象。猛犸的生活年代约1.1万年前，源于非洲，早更新世时分布于欧洲、亚洲、北美洲的北部地区，可以适应草原、森林、冻原、雪原等环境，少数种类如真猛犸被有长毛，有一层厚脂肪可隔寒。夏季以草类和豆类为食，冬季以灌木、树皮为食，以群居为主。最后一批猛犸象大约于公元前2 000年灭绝。

（12）奇蹄类。包括有奇数脚趾的动物。在古近纪初期，多数奇蹄类是小型动物，最古类型的前肢各有四趾，后肢均为三趾。在各地发现的中、上新世的三趾马化石，四肢两旁的侧趾逐渐缩小，而现存马科动物的四肢侧趾甚至消失，第三趾高度发达，同时四肢也高度特化，肱骨和股骨很短，桡骨和胫骨特别延长，这反映出马科动物的远祖从适应森林泥土跃行到逐渐适应草原奔驰的过程。

(13) 偶蹄类。基本上从始新世开始分化，中新世和上新世是其进化的重要时期。

猛 犸

外形上，早期的偶蹄动物类似今天的鼷鹿类：小巧，短腿，以叶子为食。始新世晚期（4 600万年前），3个现代亚目已经开始分化：猪形亚目、胼足亚目和反刍亚目。然而，偶蹄目并没有占据生态主导地位，当时是奇蹄目动物的繁盛时期，偶蹄动物只能占据一些边缘生态位艰难维生。但是同时它们也在这个时候开始了复杂的消化系统的进化，从而能够以低级食料为生。

偶蹄动物

基本小知识

反 刍

反刍俗称倒嚼，是指进食经过一段时间以后将半消化的食物返回嘴里再次咀嚼。

始新世开始出现了草，中新世的时候全球气候变干燥少雨，大量雨林枯亡，草原开始发育，并向全球蔓延开来，由此带来了诸多变化。草本身是一种非常难以消化的食物，而唯有拥有复杂消化系统的偶蹄动物能有效地利用这种粗糙、低营养的食物。很快偶蹄动物就取代了奇蹄动物的生态位，成为

了食草动物的主导。

(14) 灵长类。大脑发达；眼眶朝向前方，眶间距窄；手和脚的指(趾)分开，大拇指灵活，多数能与其他趾(指)对握。

灵长类

形态特征：

灵长类的多数种类鼻子短，其嗅觉次于视觉、触觉和听觉。金丝猴属和豚尾叶猴属的鼻骨退化，形成上仰的鼻孔。长鼻猴属的鼻子大又长。多数种类的指和趾端均具扁甲，跖行性。长臂猿科和猩猩科的前肢比后肢长得多。猿类和人无尾，在有尾的种类中，其尾长差异很大，卷尾猴科大部分种类的尾巴具抓握功能。一些旧大陆猴(如狒狒)的脸部、臀部或胸部皮肤具鲜艳色彩，在繁殖期尤其显著。臀部有粗硬皮肤组成的硬块，称为臀胼胝。

狒　狒

多数种类在胸部或腋下有一对乳头，雄性的阴茎呈悬垂形，多数具阴茎骨，雌体具双角子宫或单子宫。大多为杂食性，选择食物和取食方法各异。

繁殖：

每年繁殖1~2次，每胎1仔，少数可多到3仔。幼体生长比较缓慢。性成熟的雌性有月经，雄性能在任何时间交配(低等猴类除外)。

起源：

在灵长类中最早出现的是一些发现于欧洲和北美的近猴类化石。它们具爪而不具指甲。牙齿为三楔式低冠齿，比较一般化，但门齿增大，似平放的凿子。近猴类多发现于古新世地层。

自始新世开始狐猴类出现，早期的都归入已绝灭的兔猴科，它们的分布范围广，亚洲、北美洲、欧洲均曾发现。现在狐猴只分布于马达加斯加岛和科摩罗群岛，尚未发现可靠的化石。懒猴（又译瘦猴）现在只生存于东南亚和南亚、非洲撒哈拉以南的热带地区，化石发现于东非的中新世地层。眼镜猴类化石发现稍多，从始新世起发现于欧、亚、北美等地。近猴、狐猴、眼镜猴类常通称为原猴类或低等灵长类。

高等灵长类包括分布于南美的阔鼻猴类和分布于旧大陆的狭鼻猴类，狭鼻猴类又包括猴类、猿类和人类。

有些高等化石灵长类的系统位置较难肯定，如巨猿、山猿和双猴等。

社会行为：

灵长类动物大多是社会性动物，它们的生活和迁徙都是成群结队进行的，其规模大小根据种类的不同而不同。在群体中，有一只雄性成年的个体是整个群体的领导者。

巨　猿

人类与其他灵长类动物不仅体质特征很相似，而且社会行为也很相近。一般认为这主要是由于它们的大脑很发达，因此它们的行为方式也比其他动物复杂。

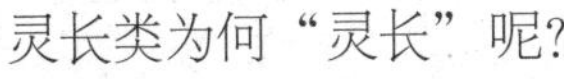

灵长类为何“灵长”呢?

对现生的灵长类动物的观察和研究为我们认识这个问题提供了一定的解答。

首先，绝大多数灵长类都栖息在树上，这一点与大多数哺乳动物不同。

在树上生活对于灵长类来说是不同寻常的。它们脚下没有土地可支撑，因此必须用四肢抓握树干。与此相适应，它们的四肢末端由早期哺乳动物的爪子逐渐转变为每个手指都能够单独活动的手，拇指还能够与其余的各个手指对握。可想而知，这样的演化必定能够改善灵长类在树枝间活动所需要的抓握能力。更重要的是，拇指和食指指尖的对握可以形成环状，从而大大提高了手掌抓握物体的准确度。这一进化特征的出现不仅对早期灵长类搜寻昆虫等食物非常有利，而且对于后来灵长类可以用手灵巧地摆弄各种物体，直至最后能够制造和使用工具打下了基础。

与手部的灵巧活动相配合，灵长类发展了立体的视觉。双眼向前望着几乎是相同的目标，脑部就可以接受一对视觉的影像。经过了大脑的处理，影像就产生了深度、形象和距离的感觉。这样对灵长类在林间腾越行进是非常重要的。灵巧的手加上立体视觉，就使得灵长类能够从三维空间观察物体，用手把物体任意移动和拨弄。这都是灵长类充分掌握四周环境特质的先决条件，也是激发好奇心的原动力。

知识小链接

视网膜

视网膜居于眼球壁的内层，是一层透明的薄膜。视网膜由色素上皮层和视网膜感觉层组成，两层间在病理情况下可分开，称为视网膜脱离。色素上皮层与脉络膜紧密相连，由色素上皮细胞组成，它们具有支持和营养光感受器细胞、遮光、散热以及再生和修复等作用。

灵长类还发展出辨认颜色的能力，这很可能与它们起源于大眼睛的早期夜行性哺乳动物有关。早期夜行性哺乳动物的大眼睛是为了在夜间增强对光线的敏感性，但是当灵长类起源后，它们在白天越来越活跃，大眼睛内的视网膜就转变为能够接收不同的色彩。能够分辨颜色有助于灵长类分辨若干食物，特别是热带雨林茂密树枝上的果实。

这样，灵长类具备了一套独特的感觉器，能够把触觉、味觉、听觉，尤其是色觉和立体视觉感受到的各种信息输入脑中。脑接收外界的信息与日俱增，进而能够把各种信息分类排比，最终产生了智力的发展。这样的智慧，是任何其他动物都没有的，这也就是为什么我们把这类动物叫做“灵长类”的原因。

进化的多样性

地球上所有生物生存的物种数量和品种数量是生物多样性的具体表现。大自然经过漫长而复杂的进化过程，使我们这个星球上涵盖了所有的动物和植物在内的整个细胞生命群体，最终形成现在这个多样性的、多姿多彩的地球世界。

动植物的新生命来源有两种形态。一种是自然出现的，它是由单细胞逐步向多细胞繁衍进化，经代代相传而形成新的生命体。另一种是由已经出现的生命体通过遗传，一代传一代的方式来实现新生命的基因延续物。在生物界各个不同的历史发展时期，所有生物的出现、延续和形成都与上述的两种新生生命来源途径有着密切的联系。这样才会有各种各样的、不同层次的生物群体在地球上生存的持续展现。地球上所有生物物种，都是以一代传一代的方式伴随着时间的推移，并围绕着大自然环境和气候的变化而不断地产生变异的，是物种自身生存的适应性融入大自然的发展而共同发展的。因而，生存在各自不同环境的生物会塑造出与环境相适应的不同物种和品种。生物物种和品种的形成是历代生物围绕不同的地理环境与气候去求生存，逐步进化所形成阶段性生存形态的体现。

对于生物来讲，展示的是一个多姿多彩的美丽世界，各种生物共同为地球构造一个广泛而严密的生命网络系统，共同发挥形成生命网络系统各自的层级连接作用，没有一个是多余的。

自然界生物的多样性和复杂性是如何来的？生物的多样性、复杂性和数量，在生物适应自然环境自身进化的过程中起到了决定性的作用。生物必须通过基因遗传来不断增加后代的基因组合体组织数量，使后代一代比一代强并不断地进化。生物进化得越高级，其物种基因组合体组织的积累数量就越多，后代可复写的各项生存功能细胞组织就越多，物种进化的速度就越快，生物的体积就会越来越大，求生存的能力就会越来越强。

那么，什么是进化呢？所谓生物进化就是指生物遗传变异逐渐积累后的最终体现。是生物在各自不同的发展时期，自身和后代所产生的变异，逐代积累而形成的生态结果体现。经科学界研究认为，推动生物进化的基本要素有内因和外因两个方面：

基因组

基因组一般的定义是单倍体细胞中的全套染色体为一个基因组，或是单倍体细胞中的全部基因为一个基因组。可是基因组测序的结果发现基因编码序列只占整个基因组序列的很小一部分。因此，基因组应该指单倍体细胞中包括编码序列和非编码序列在内的全部 DNA 分子。说得更确切些，核基因组是单倍体细胞核内的全部 DNA 分子，线粒体基因组则是一个线粒体所包含的全部 DNA 分子，叶绿体基因组则是一个叶绿体所包含的全部 DNA 分子。

内　因

内因有 3 个因素。

（1）基因组的积累数量。因为基因是物种遗传的关键，是每个生命体遗传复制及记忆和每代增加积累数量所形成的总称。生物基因组织数量的增加是由生物无性生殖和有性生殖的形式所决定的，表现突出的是有性生殖形式，因为有性生殖是由父母两个不同的基因组相互结合，所产生出一个新的后代，是父母两个不同基因的混合延续。这样，后代的基因所积累的数量会比上一代增多。所以，遗传基因数量的积累就会越来越多，后代复制的功能细胞就会越来越多，所产生的变异就会越来越大，进化的速度就会越来越快。同时，求生存的技能就越强，克服一切对生存带来负面影响的能力也就越强。

动物的进化

（2）体内有益的细菌。因为体内细菌与细胞是天生一对的，它们之间在各自活动的同时，也在影响着对方。这个过程能促进细胞的不断再生，从而起到推动细胞不断成长壮大的重要作用。

（3）自然生长。每个细胞在生长壮大的每个阶段里，其食物质量和生存环境的不同，以及消化和吸收的生理功能不同，都会产生不相同变异的自然现象。

外　因

外因有6个基本因素。

（1）气温变化。地球上四季气温的不断变化会直接影响到生命体内部生理的变化。生物为了能在不同的气温变化下生存，会对体内细胞组织进行适应性的调整，这个过程能促使生命体产生变异。

（2）环境变化。因为生物在各自不同的发展时期，生存环境都是不相同的。生物在不同的环境中求生存，必须具备与之相适应的生理特点和生态模式，在改变和适应的过程中，就会使生物体产生变异现象。

（3）追求食物来源。任何一个生物体，求生存是它的本能，所有生物都需要依靠大量养分来补充自身的能量消耗。在追求食物的过程中，自然产生物种之间的竞争与冲突，会使物种某些功能细胞产生变异。

知识小链接

嫁　接

嫁接，植物的人工营养繁殖方法之一。即把一种植物的枝或芽，嫁接到另一种植物的茎或根上，使接在一起的两个部分长成一个完整的植株。嫁接时应当使接穗与砧木的形成层紧密结合，以确保接穗成活。接上去的枝或芽，叫做接穗，被接的植物体，叫做砧木。接穗时一般选用具2~4个芽的苗，嫁接后成为植物体的上部或顶部。砧木嫁接后成为植物体的根系部分。

（4）安全感。因为任何一种生物都有它的天敌，为了避开天敌获得猎物，猎手和猎物之间展开了求生存的大竞赛，以达到安全生存的目的。在这一过程中互相之间都发生了惊人的变化，它们同时也产生了变异。

（5）生存技能的变化。因为所有生物潜在发展的功能不断完善、不断壮大。同时，生命体由于生存环境和体形体态的变化，异致了原有的部分生理功能细胞组织不再发挥作用，逐步退化或直到消失，亦会产生变异现象。

（6）基因重组。人类在不同的生物物种之间采用基因转移组合、嫁接、杂交等重组手段，会使基因重组后所生长的物种产生够大的变异现象。另外，功能细胞组织的频繁使用以及记忆能力的提升也会使生

拓展思考

杂　交

杂交是遗传学中经典的也是常用的实验方法。通过不同的基因型的个体之间的交配而取得某些双亲基因重新组合的个体的方法。一般情况下，把通过生殖细胞相互融合而达到这一目的的过程称为杂交，而把由体细胞相互融合达到这一结果的过程称为体细胞杂交。

命体产生变异现象等。

以上所讲述的，就是细胞生物体进化的基本原因所在。因此，地球上所有生物物种从原生的那天起，都是处在自身的生存环境中而不断适应发展的。生物这种不断适应发展的过程，是生物进化的体现。不同的地理环境会进化出相应不同的生物物种。生物物种进化的速度越快，其适应进化所积累的生存智慧就越高，变化就越大，求生存的能力就越强。

生物为了不断地进化和繁衍，就必须保证自身的品种和数量。在自然界多样性的环境中，只有那些更能适应生态变化的生物才会延续生存下来，种类繁多的地球生态系统才会形成。生物的进化造就了能适应各种不同环境而生存的生命体，同时，也能为未来的发展打下坚实的生存适应基础。物种为了能在竞争与冲突中得到优势，都必须依赖个体的大量存在和自身独特的生存方式。自然界都是采用优胜劣汰的方法使物种得以延续和淘汰的，必须遵循物竞天择、适者生存的自然规律。

在生物界进化的同时，人类也在帮助生物进化。在人类所种养的生物中，几乎没有一种能保持着原有的生理形态。经过大量的嫁接、杂交等基因重组手段，人类对各种野生物种进行了改造，培育出了各种各样与野生物种完全不同的优良品种。目前，人类所吃的水果、蔬菜、鱼、鸡、鹅、鸭、猪、牛、羊等物种都被改良了。同样，经过自然选择，优胜劣汰，只有那些更能适应大自然客观规律的物种才能得以保全下来。目前，在地球上的每一个角落都生存着各种各样的物种。假如，地球上的各个物种单纯是繁殖而没有任何进化，自然界的物种也许不复存在了。生物为了能够不断地进化，就必须具有大量的各种不同的种类存在和一个庞大而丰富的基因库。换句话来说，就是生物需要具有多样性，生命在这个庞大而丰富的基因库里，选择进化的手段，来适应环境与气候的变化，从而得以继续生存下来。

基本小知识

细胞生物

细胞生物是指所有具有细胞结构的生物。根据组成生物体的细胞有无核膜包被的细胞核而分为两类：由原核细胞组成的原核生物和由真核细胞组成的真核生物。

生物的多样性，可以从如下3个层面来进一步说明：

第一个层面，是生物的多样性有助于同一物种基因库的改变。个体数量存在越多，这个物种的基因库分布得就越广，个体基因组合体的遗传潜力就越大，这类物种能延续的可能性就越大。

第二个层面，生物的多样性是数不胜数的，各种植物、昆虫、爬行动物、两栖动物、鸟类、鱼类以及哺乳类动物等遍布地球上所有的角落，而且每年还会有新的物种出现。在热带雨林地区，物种的多样性就表现得更为突出，地球陆地上有一半以上的细胞生物物种，还包括真菌和细菌，都是在热带雨林中被发现的。科学家能在一棵大树上发现几十种新鸟类和几百种新昆虫。

第三个层面，是生态系统方面，就是指能受到很好保护的生态环境。地球上，陆生生物与水生生物连成一片，共同为地球创

生态平衡

生态平衡是指在一定时间内生态系统中的生物和环境之间、生物各个种群之间，通过能量流动、物质循环和信息传递，使它们相互之间达到高度适应、协调和统一的状态。也就是说当生态系统处于平衡状态时，系统内各组成成分之间保持一定的比例关系，能量、物质的输入与输出在较长时间内趋于相等，结构和功能处于相对稳定状态。在受到外来干扰时，能通过自我调节恢复到初始的稳定状态。在生态系统内部，生产者、消费者、分解者和非生物环境之间，在一定时间内保持能量与物质输入、输出动态的相对稳定状态。

造一个美丽的、种类繁多的、鲜艳夺目的、庞大而稳固的生态系统。哪些地方的物种越多，其生态系统就越好，反之，其生态系统就越差。今天，人类在迅速发展中，一定要注意全球生物的生态平衡。现在，能源、淡水不断枯竭，海平面的急剧上升以及人口爆炸等一系列的严重问题，使地球生态状况不断恶化，人类可持续发展的前景不容乐观。如果生物的生存环境继续恶化下去，就会导致各类物种的消亡，直接影响着地球整个生态系统的自然性、平衡性和稳定性。

生命与环境之间有一种神秘而和谐的关系。生物具有和谐的统一性、动态的统一性、普遍性和独特性，是相互依赖，相互促进，相互共生，相互利用，共同发展，共同进化的，它具有可见和不可见的千丝万缕的联系。地球上，没有生物的多样性，生态系统就无法运转，生物的多样性是维护优胜生命延续与进化的根本保证。

生命来自何处

人类的诞生

人类和猿的共同祖先被认为是森林古猿的一员，生活在1.5亿~2.5亿年前，作为万物之灵的人类，有特别发达的思维器官，能劳动，能制造工具。随着时间的推移，人类变得越来越强大，现在被称为“生物圈的主宰者”，改变环境的能力远远超过其他的生物。但是，人类究竟是怎样起源和进化的呢？学习完这章节，你将得到科学的解答。

人类的起源

研究人类起源的直接证据来自化石。人类学家运用比较解剖学的方法，研究各种古猿化石和人类化石，测定它们的相对年代和绝对年代，从而确定人类化石的距今年代，再将人类的演化历史大致划分为几个阶段。目前一般认为，古猿转变为人类始祖的时间在700万年前。

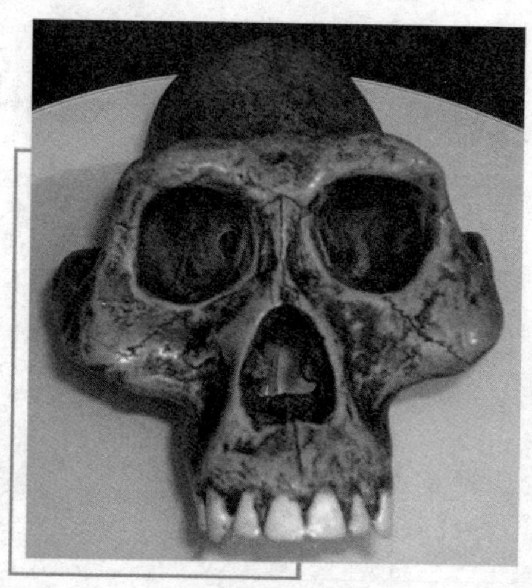

古猿化石

从已发现的人类化石来看，人类的演化大致可以分为以下4个阶段：

知识小链接

化　石

化石是存留在岩石中的古生物遗体或遗迹，最常见的是骸骨和贝壳等。研究化石可以了解生物的演化，并能帮助确定地层的年代。保存在地壳的岩石中的古动物或古植物的遗体或表明有遗体存在的证据都谓之化石。

◎南方古猿阶段

南方古猿属是灵长类中唯一能两足直立行走的动物。最早的南方古猿化

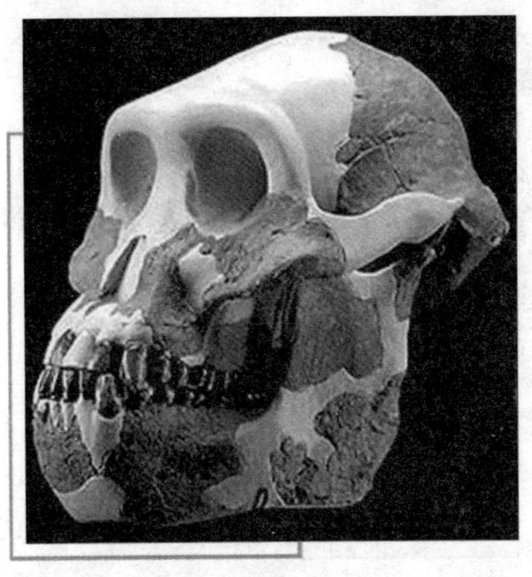
南方古猿化石

石是1924年在南非开普省的汤恩采石场发现的，它是一个古猿幼儿的头骨。达特（R. Dart）教授对化石进行了研究。他发现：这个头骨很像猿，但又带有不少人的性状；脑容量虽小，但是它比黑猩猩的脑更像人；从头骨底部枕骨大孔的位置判断，已能直立行走。于是，他在1925年发表了一篇文章，提出汤恩幼儿是位于猿与人之间的类型，并定名为南方古猿。这在当时的人类学界引起了激烈的争论，因为那时的大多数人类学家都认为发达的大脑才是人的标志。

随后，在南非以及非洲的其他地区，人类学家又发现了数以百计的猿人化石。经多方面的研究，直到20世纪60年代以后，人类学界才逐渐一致肯定南方古猿是人类进化系统上最初阶段的化石，在分类学上归入人科。

南方古猿生活在距今100万年到420多万年前。他们可以分成两个主要类型：纤细型

拓展思考

颅骨

颅骨位于脊柱上方，由23块形状和大小不同的扁骨和不规则骨组成（中耳的3对听小骨未计入）。除下颌骨及舌骨外，其余各骨彼此借缝或软骨牢固连接，起着保护和支持脑、感觉器官以及消化器官和呼吸器官的起始部分的作用。颅分脑颅和面颅两部分。脑颅位于颅的后上部，内有颅腔，容纳脑，共8块颅骨。面颅为颅的前下部分，包含眶、鼻腔、口腔等结构，构成面部的支架，共15块颅骨。

南方古猿生活

和粗壮型。最初，一些人还认为这两种类型之间的差异属于男女性别上的差异。纤细型又称非洲南猿，身高在 1.2 米左右，颅骨比较光滑，没有矢状突起，眉弓明显突出，面骨比较小。粗壮型又叫粗壮南猿或鲍氏南猿，身体约 1.5 米，颅骨有明显的矢状脊，面骨相对较大。从他们的牙齿来看，粗壮南猿的门齿、犬齿较小，但臼齿硕大（颌骨也较粗壮），说明他们是以植物性食物为主的，而纤细型的南方古猿则是杂食的。一般认为，纤细型进一步演化成了能人，而粗壮型则在距今大约 100 万年前灭绝了。

◎ 能人阶段

能人化石是自 1959 年起，利基（1903—1978 年）等人类学家在东非坦桑尼亚的奥杜韦峡谷和肯尼亚的特卡纳湖畔陆续发现的。这些古人类的脑容量较大，在 600 毫升以上，脑的大体形态以及上面的沟回与现代人相似，颅骨和趾骨更接近现代人，而且牙齿比粗壮南猿的小。在分类学上，古人类学家将他们归入人属能人种。能人生存的年代在 175 万～200 万年前，当时粗壮南猿还没有灭绝。

能人的生活

与能人化石一起发现的还有石器。这些石器包括可以割破兽皮的石片，带刃的砍砸器和可以敲碎骨骼的石锤，这些都属于屠宰工具。

因此，可以说能够制造工具和脑的扩大是人属的重要特征。

但是，能人是通过狩猎，还是通过寻找尸体来获得肉食呢？能人脑的扩增与制造石器之间存在什么关系？这些都是需要进一步研究的问题。

◎ 直立人阶段

直立人是旧石器时代早期的人类。北京房山周口店直立人居住遗址出土了40多个个体的人类化石、数以万计的石器、使用火的遗迹和采集狩猎的遗物，是旧石器时代早期人类社会生活的缩影。

知识小链接

旧石器时代

旧石器时代（距今约250万年至距今约1万年），以使用打制石器（见石器）为标志的人类物质文化发展阶段。地质时代属于上新世晚期更新世，从距今约250万年前开始，延续到距今1万年左右止。

人类劳动是从制作工具开始的。使用打制石器和用它制作的木棒等简陋工具，能做赤手空拳所不能做的事情。人们利用这些工具同自然进行斗争，逐步改造了自然和人类本身。

旧石器时代的人

人类从不会用火到会用火，是一个巨大的飞跃。北京人会用火并能控制火。他们用火烧烤食物、照明、取暖和驱兽，促进了身体和大脑的发展，增强了同自然斗争的能力。

在北京人遗址中，除发现了采集食用的朴树籽外，还发现了大量的禽兽

遗骸，其中肿骨鹿化石就有2 000多个，说明北京人过着采集和狩猎的生活。

◎智人阶段

早期智人

通常指距今20多万年开始生活在中新世到更新世晚期的形态上介于直立人和晚期智人之间的人类。一般将大荔人、金牛山人、马坝人等中国古人类归入早期智人。最早被人们重视的是尼安德特河谷发现的人类化石。因而过去古人类学上曾将早期智人化石统称为尼安德特人。早期智人（古人）阶段的化石，在亚、非、欧三洲许多地区都有发现。

早期智人：1848年，在欧洲西南角的直布罗陀发现了一些古人类化石，这些化石所代表的古人类就是最先被发现的、后来被称作尼安德特人（简称尼人）的早期智人，但当时却没有引起人们的注意。尼安德特人的名称来自德国杜塞尔多夫市附近的尼安德特河谷，1856年，在这里的一个山洞里发现了一个成年男性的颅顶骨和一些四肢骨骼的化石，被命名为尼安德特人。在这以后，尼人的化石开始在西起西班牙和法国、东到伊朗北部和乌兹别克斯坦、南到巴勒斯坦、北到北纬53度线的广大地区被大量发现。尼人的生存时代为距今20万~3.7万年。

尼人的脑量已达到1 300~1 700毫升；与直立人相比，头骨比较平滑和圆隆，颅骨厚度减小；面部（从眉脊向下到下齿列部分）向前突出的程度与直立人相似。欧洲尼人的鼻骨异常前突，显示他们的鼻子一定很高。但是，由于他们有大的牙齿和上颚，因此推测他们的

中国早期智人

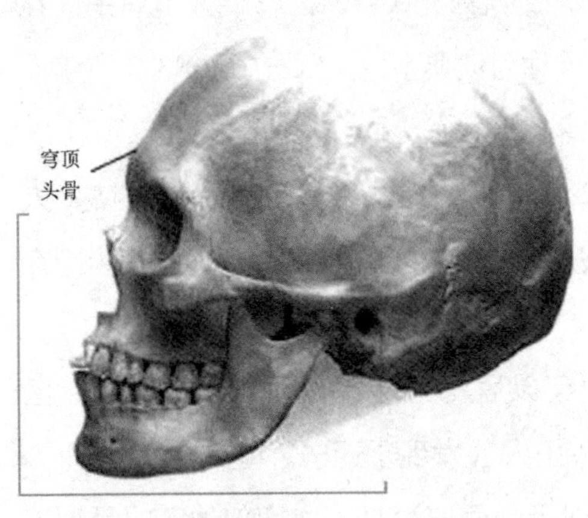

早期智人头骨

鼻子不可能像现代欧洲人那样有狭窄的鼻腔，而是有一个向前大大地扩展的鼻腔。也就是说，他们拥有一个像现代欧洲人那么高同时又像现代非洲人那么宽的大鼻子，而且，鼻孔可能更朝向前方。

尼人创造了被称为莫斯特文化的石器工具，以细小的尖状器和刮削器为代表。当时的欧洲气候寒冷，尼人能够用火并且已经能够造火。尼人还开始有了埋葬死者的习俗。

除了尼人之外，在欧洲还发现了一些同时具有直立人的原始性状和智人的进步性状的早期智人化石，他们包括希腊的佩特拉洛纳人（时代可能为距今16万~24万年，但有争论）和法国西南部的托塔维尔人（也叫阿拉戈人，时代为距今大约20万年），有些学者把他们作为直立人与早期智人的过渡类型。此外，在德国发现了距今20万~30万年前的斯坦海姆人，在英国发现了距今约25万年前的斯旺斯库姆人，两者头骨特征非常相似，其形态显得比尼人进步，但是其时代却比尼人还要早。因此，

拓展阅读

石　器

石器，是指以岩石为原料制作的工具，它是人类最初的主要生产工具，盛行于人类历史的初期。从人类出现直到青铜器出现前，共经历了两三百万年，属于原始社会时期。根据不同的发展阶段，又可分为旧石器时代和新石器时代，也有人将新、旧石器时代之间列出一个过渡的中石器时代。

有些学者把他们称为“进步尼人”或“前尼人”，并认为他们才是后来的晚期智人的祖先。其他时代较晚的尼人被称为“典型尼人”，在距今3.3万年前绝灭或者说被晚期智人替代了。

在非洲，早期智人有发现于埃塞俄比亚的被认为是过渡类型的博多人（年代在距今20万~30万年前）和发现于赞比亚的布罗肯山人（年代为距今13万年以前）。

中国的早期智人化石都是在1949年以后发现的，材料主要包括北部地区的大荔人（发现于陕西大荔县）、金牛山人（发现于辽宁营口市）、许家窑人（发现于山西阳高县）、丁村人（发现于山西襄汾县）和南部地区的马坝人（发现于广东曲江县）、银山人（发现于安徽巢湖市）、长阳人（发现于湖北长阳县）、桐梓人（发现于贵州桐梓县）。

亚洲其他地区的早期智人还有发现于印度尼西亚梭罗河沿岸的昂栋人（也叫梭罗人），形态上显示出一些直立人到早期智人过渡的状况。

晚期智人：中国最先发现的晚期智人化石就是著名的周口店山顶洞人。这些化石是1933年在龙骨山的山顶洞中发掘出来的，包括完整的头骨3个、头骨残片3块、下颌骨4件、下颌残片3块、零星牙齿数十枚、脊椎骨及肢骨若干件。但是由于日本发动的侵华战争以及后来的太平洋战争，这些材料和当时所有的北京猿人化石一起被弄得不知去向。幸而在这批珍贵材料失踪前它们被做成了模型，这些模型成为我们今天重新研究这一时间段人类发展状况的重要依据。

晚期智人

晚期智人又称新人，一类生活在5万年前至1万年前的古人类（1万年以来的人类称为现代人）。新人化石最早于1868年在法国克罗马努的一个山洞中被发现（颅骨4个，属于3个男性，一个女性，生活于2万~3万年前），所以常称新人为克罗马努人。

新中国成立后，我国广大地区又发现了一系列重要的晚期智人化石。其中包括进化程度与山顶洞人相当的柳江人头骨（发现于广西柳江县）、比山顶洞人和柳江人进步的资阳人头骨（发现于四川资阳县）和穿洞人头骨（发现于贵州普定县），以及分别被称为河套人、来宾人、丽江人和黄龙人的零散化石材料。

人类的进化

◎直立行走的标志

人类的出现有其一段漫长而复杂的发展历程，是自然选择地从某类高级哺乳动物中逐步进化发展而来的。

在地球上现存的哺乳类动物中，灵长类动物最接近人类的行为特征。因为灵长类动物综合了各种哺乳类动物的优点，而人类的优点还远在灵长类动物之上。那么，人类是如何从灵长类动物进化而来的呢?

直立人

自从脊椎爬行动物从水的岸边生存为主逐步分离到陆地生存以后，它们从岸边到平原，又从平原走向树林，再从树林走向森林。要走过这些各自不同的生存环境阶段，就必须经过漫长渐变和逐步适应不断推进的过程。在这个漫长的发展阶段中，逐步进化出产蛋动物和哺乳类动物。在哺乳类动物中，又

逐步演化出能适应树栖、穴居的灵长类动物。灵长类动物从原来的以地面生存为主，逐步走向以树上生存为主。这有着本能的原因，主要是能够彻底避开来自地面兽类的袭击和干扰。同时树上有丰富的树叶和果子食物为它们提供了优质食物的来源。灵长类动物在地面生存时，是依靠四肢互相配合进行行走活动的，其重心落在四肢的平衡点上。自从它们逐步适应在树上生存之后，它们的体形体态需要与树上生存环境相适应，逐步使自身的体形体态发生了相应变化，演化出现了以半直立式进行生存活动的形态，前肢出现了半解放的状态。它们经常在森林中爬树，在树枝上觅食，坐在树枝上吃食物，久而久之，便使其头部能逐步适应在重心的上端，而且大部分时间身体的重心是依靠下肢和臀部来支撑的，逐步形成了可以适应以半直立行走进行生存活动的状态。与此同时，它们在前肢半解放的状态下，不再依靠原来在地面生活时直接用嘴来觅食，而采用间接的觅食方式，即能逐步利用前肢来取物，使半解放的前肢逐步演变成为一对可自主控制的活工具，这样就出现了灵长动物半灵活的双手。它们由于长时期在森林里进行着各种不同环境的生存活动，已具备能在树上求生存活动的种种适应性。

树上的灵长动物

起初能适应在树上生存活动的灵长类动物体型是很小的，它们白天在树上活动，而晚上还是回到地面的小洞穴里睡觉。同时，它们生儿育女也在小洞穴里进行。它们经常从树上至小洞穴来回行走，就可能会经过一段危险地带，因为随时都可能会有天敌的出现。为了安全起见，有部分特别聪明的灵长类动物，能彻底放弃在地面生存的习惯，将家搬到树上去。它们选择较大的树杈或树洞，并铺上树叶建立自己赖以生存的栖息地。同时，在树上生存的特殊环境，会使它们的睡眠方式发生改变，从坐睡到趴睡，从趴睡到侧睡，又从侧睡到仰睡的变化适应过程。最终它们习惯采用侧睡和仰睡这两种感觉非常舒服的睡眠姿势。

灵长动物

灵长类动物逐步在树上完成了一切求生存的活动。它们能彻底避开来自地面生存时的天敌，生存系数大大增加，它们能在森林里自如地繁衍后代。体形体态不断相应增大，形成了一个繁盛的发展时期，逐步形成了多种多样的物种。然而，由于自然界经常会出现酷热、雷击和火山爆发等自然现象，常会引发森林大火的发生，大火彻底破坏了它们美好的栖息地。有的亲眼看见同类被大火烧死，心惊胆战，不敢再回到森林里生存，于是不得不又回到原来的地面上生存，无家可归，四处流浪。而且又经常会遇到来自地面及空中的天敌和天灾，生命随时会受到严峻的威胁。

因求生存的本能所在，有部分灵长类动物种群选择在较大的洞穴里建立新家，晚上会把洞口堵住，以彻底避开来自地面天敌的袭击。同时，在洞穴里生存，能感觉到像在一个天然的温室环境下生活，而且，没有风吹雨打，没有阳光曝晒，更具安全感。它们会把树叶铺在地面上作为栖息地，睡眠姿势与在树栖时习惯的姿势相同。它们生殖和哺育后代都是在洞穴里进行，取食是集体在野外进行，并有专门的成员站岗放哨。在如此良性环境中所生存的灵长类动物种群，不断繁殖后代，不断壮大自身种群的数量，逐步演化出较大体型的灵长动物类型。

灵长类动物的生存发展道路也是十分艰难曲折的，它们先后经过从平地

广角镜

原始人类

从已发现的人类化石来看，人类的演化大致可以分为以下四个阶段：①南方古猿阶段。已发现的南方古猿生存于440万年前到100万年前。②能人阶段。前200万—前175万年。能人化石是1960年起在东非的坦桑尼亚和肯尼亚陆续发现的。③直立人阶段。直立人在分类上属于人属直立人种，简称直立人，俗称猿人。④智人阶段。智人一般又分为早期智人（远古智人）和晚期智人（现代人）。根据目前发现的人类化石证据，南方古猿是已知最早的人类。

走向树林，从树林走向森林，从森林又走向原野，再走向洞穴。某穴居生活的灵长类动物种群，由于原来长期树栖生存，形成半直立式的体形体态，在此基础上在洞穴中选择较为平坦的地面作为栖息地，并采用仰睡，久而久之，便使其体形体态和骨架产生相应变化。平坦的地理环境与仰睡的方式相结合，能逐步改变了此类灵长动物下肢骨盆的角度，自身骨架也发生了相应形态的改变，并从原来在陆地生存时的约90度的后肢骨盆逐步向约180度形态改变，并从原来的两条后肢逐步向两条下肢转变。这样，此类灵长动物物种就能逐步地实现以直立行走的方式来进行求生存活动。

正由于此类灵长动物物种长时期适应在洞穴里生存，尾巴的功能很少使用，因而逐渐退化，直到消失。灵长动物从四肢行走逐步实现直立行走的变化过程，是此类灵长动物种群逐步繁衍成为猿类动物的过程。在此基础上，原始人类最终出现。直立行走的生存方式可以减少太阳照射的面积，起到保持身体能量和体力的作用，具有视野广阔、灵活性大、奔跑速度快、更具安全感、生存空间更广、生存系数增大等特点。猿类动物是形成原始人类的初级生命形态，是古人类出现的过渡性物种。

◎ 前肢的解放

这些灵长动物种群从四肢行走转变为直立行走之后，它们的前肢就实现了彻底的解放，并在原来树栖时前肢得以半解放的基础上，逐步进化形成较为灵活的双手。它们不再借助前肢在地面上行走以及支撑自身重心的平衡。在此情况下，两条后肢逐步演变成为两条下肢，肌肉逐步增多，骨架相应改变，以逐步适应能完全依靠两条下肢来支撑身体重量和重心平衡，随着时间的推移，逐步演化成为后来人类行走活动的双腿与双脚。

用前肢劳作

前肢的彻底解放，成为人类求生存活动的活工具，同时造就了人类灵活的双手。人类双手的形成也是经过了漫长而曲折的发展历程。从爬行类动物的爬行和挖洞开始，到哺乳类动物采用前肢来捕猎和觅食，再到灵长动物在树栖生存活动时，前肢得以半解放状态的炼就，更重要的是实现直立行走之后，猿类和原始人的进化。手的灵活性是伴随着自身物种进化的不同阶段发展而发展的，是层级推进的。人类双手的形成，大大地增强了人类求生存活动的能力，人类可以利用双手来制造生存工具，可借助石具、木具、竹具等自然工具来进行捕猎、取食和作为生活用品；双手能改善人类的生存环境，如建房、种养、制造生活用品、加工食物等；进入文明社会后，双手与思维相结合能创造新生事物以及制造出更先进的生存和生产工具，如造纸、指南针、活字印刷、制造火药、制造机械等；双手能改造自然，如造河、造湖、造坝、造城等。双手与悟性相互结合能使人类生存有更多的新突破、新发明和新创造。

◎工具的出现

直立行走形成之后，古人类的捕猎以及觅食行为都发生了惊人的变化，

实现了从原始直接式向间接式的飞跃转变。原始的直接式是采用前肢和嘴来进行捕猎和觅食的，在此过程中，容易因受到猎物的挣扎和反抗给自身带来创伤。间接式起初是通过借助自然工具来进行捕猎和觅食的，如能利用石头、木头和竹具来制造带尖的石具、木棒、竹签和矛等。古人类采用这些间接方式来进行捕猎，大大地提高了捕猎成功率，同时降低了因猎物挣扎和反抗所带来的伤害。工具的使用，明显地扩大了食物来源的范围，不仅仅摄取植物枝叶、果实，还增加了肉食品种。而且，还能集体合力敢对大型动物和凶猛的野兽进行围攻和猎杀，更有效地保障了种群生存的需要。

工具的出现也有其漫长的发展历程。早在哺乳类动物大量出现时，已有某些哺乳动物能采用简单的工具来进行捕食。如水獭，它能将海洋里的贝壳类动物和石头一起带到海面上，并将其往石头上抛，把贝壳摔开后从中取食。在灵长类动物出现之后，表现得更为普遍。如猩猩、大猩猩、黑猩猩以及狐猴、指猴、狒狒、猕猴等，它们自身的前肢就是一对现成的活工具，而且绝大部分都可以利用树枝或草枝以及石头等简单工具来取食。以上的例子，只是动物初步懂得和认识使用工具的萌芽状态，是动物逐步认识到工具对其在今后求生存活动中所起到的重要作用，为以后发明工具、制造工具打下了坚实的认识基础。

水　獭

自从古人类在自然选择和选择自然中懂得自种食物和自养动物的那时起，标志着它们已从动物的自然选择生存形态开始向人类的选择自然生存形态分离，从此走进了原始人类的主动生活道路。在懂得使用原始工具来进行求生存活动认识的基础上，逐步发展和创造了各种各样的种养工具。随着人类文明的不断发展，先后创造了生活工具、机械工具和科学工具等。

人类文明的萌芽

◎语言的出现

哺乳类动物在四肢行走生存阶段时，由于生存的体态因素决定了其头部位置较低，喉咙的发展受到限制和压迫，所发出的音阶和音频数量很少，声音太过于单调，或长音，或短音，或连续发出一个同样的单音，而且没有任何音阶和音频的连续变化。从它们所发出的声音来看，这些并不是语言，而是种群之间求生存活动中的信号。因为当它们遇到危险时，会发出一种单音的信号告诉同伴脱离危险；当遇到丰富食物时也会发出一种单音信号以召唤同伴来取食；当遇到迁徙同伴离队时，也会发出一个单音信号来召唤；当遇到天敌时也会发出一种信号告知同伴做好提防和逃跑的准备。还有，它们所发出的简单信号的响亮声音还能起到号召和震慑等作用。从它们所发出的简单信号来看，都是有其意思和作用的，都是本群体在求生存活动中的单一表白。

拓展思考

音 阶

音阶就是以全音、半音以及其他音程顺次排列的一串音。音阶分为“大音阶”和“小音阶”，即“大调式”和“小调式”。大音阶由7个音组成，其中第3、4音之间和第7、8音之间是半音程，其他音之间是全音程。小音阶第2、3音之间和5、6音之间为半音程。基本音阶为C调大音阶，在钢琴上弹奏时全用白键。

但这些表白由于过于单调，只能一方发出和对方接受，不能交流。换句话来讲，它们只有语而没有言。但这种简单的表白方式是语言发展的基础，

是高等动物语言发展的过渡性形式。因为如果动物没有能发出声音的声带生理体系，就根本不可能会有后来人类语言的出现。

自实现直立行走之后，孕育着原始人类的诞生。原始人的喉咙从此不受压迫和限制，彻底解放，不断增大，不断循环使用，所能发出的音阶和音频不断提升。随着发音声带系统的不断使用和扩大，便使古人类逐步掌握所发出的音阶能达到适用性范围，音阶和音频的适用性掌握得越多，可以组成的单一表白数量就越多。他们逐步能把一个或几个不同的音阶和音频交叉地组合，并能固定地代表在生活中的某种意思，不断积累，互相传播，互相交流，逐步形成了传播和使用范围内互相认同的人类族群语言。所谓人类语言，是指人类族群把一个或几个不相同的音阶和音频组合或交叉地组合起来，固定地代表生活中的事和物的意思，并互相之间达到用来交流的具体体现。人类语言的出现不仅能起到经验交流、工作交流、生活交流、技术交流、文化交流和学术交流的作用，还能起到相互理解，实现共生性的统一步调，使人类生活得更加和谐与便利等作用。它对推动人类文明社会的不断发展有着极其深远的影响。

◎ 文字的出现

古人类属于群居性生活的高级动物，是由大小不同的族群所组成的。他们为了生存的需要，经常分工合作，集体去捕猎和取食。族群组成的时间越长，数量就会相应增加，年轻力壮的去捕猎和取食，老少弱残者留在洞穴里做后勤。族群大的很快会将近处的猎物捕完，近处根本无猎可捕。为了寻求食物来源，他们必须要到更远的地方进行捕猎和取食。久而久之，捕猎的地带不断地远离自身族群的栖息地。留在洞穴里的老少弱残者，如何去将前线成员所捕的猎物和食物拿回来呢？捕猎地点离得太远了，又如何能找到正确的方位呢？有些聪明的古人类采用了很简单而又实用的原始办法：即年轻力壮的捕猎队伍在每天出发去捕猎时，在沿路上关键的地方，都画上一个简单的符号来代表某种意思，如箭头，“←”这个符号是代表向左边走，“↑”表示直行，“→”是表示向右走等。后勤的成员就能沿着符号所表达的方位快速、准确地到达捕猎地点，并能将猎物和食物及时带回洞穴里，实现本族群共生性的生存效果。

自从古人类懂得以一个简单的符号来代表某种意思之后，他们就在此基础上逐步发展了用不相同的简单符号来固定地表达不相同的意思，并在族群里不断通过想象方式来增加不相同的符号数量。这样，就逐步把不相同的符号分别固定地代表不相同的意思，在族群里不断积累、传播，逐渐形成了简单的约定俗成的多样性的文字。后来，他们还把简单的符号用硬物刻在木块和竹块上，最终成为传播和使用范围内人类族群文字的出现。

象形文字

自从人类发明了造纸和印刷技术之后，人类的文明成果就能得以保存下来，人类的文字才能得到蓬勃发展。所谓文字，就是指人类族群把一个或几个不相同的符号用不同方式组合起来，固定地代表生活中的事和物意思的具体体现。人类文字的出现，不仅起到传播和保留生存经验的作用，还能起到积累经验教训、教育后代成长、社会各领域先进性的展现、文明成果的相互交流等作用。它对人类文明社会的发展有着极其深远的推动作用。

◎ 衣服的出现

不管是春夏秋冬，还是日晒雨淋，古人类都要去寻找食物和捕猎，在路途中遇上暴风骤雨，他们会选择在树下或山洞中躲避；夏季阳光曝晒，他们采用葵叶或蕉叶之类的植物来遮挡，以此来降低能量的消耗和阳光对身体的

辐射；他们在捕猎时要隐蔽自己，不被猎物所发现，也采用了自然环境遮挡的办法。在这种被动遮掩的基础上，逐步认识和发展了采用以手拿着可隐蔽自己的遮掩物去进行捕猎，并从原来的被动遮挡转变为主动遮掩，在此基础上，进一步发展到把遮掩物固定在身上来进行遮掩捕猎。这种手法不仅可以蒙蔽猎物，还能腾出双手，更具机动性和灵活性，更加容易靠近猎物，使捕猎成功率大大提高。同时，既可以遮挡雨淋，也可以遮挡阳光曝晒，更可以防止在捕猎过程中被植物的刺所伤。而且他们在冬季采用这种手法来进行捕猎时，还会感觉到身上带有温暖，而且不怕寒风侵袭。在此基础上，有部分聪明的古人类发明了在冬天采用猎物的皮毛固定在身上进行保暖。这样，古人类从捕猎时采用植物的叶来进行遮掩，逐步发展到采用固定物在身上进行遮掩，这一过程就能使某些古人类认识到遮掩物不仅起到蒙蔽猎物的作用。还能起到对身体的保暖作用，这样，逐步实现了古人类原始衣服的出现，并在族群之间广为传播，不断发展。

衣服的出现

此后，逐步演变出现人工制衣的初级方式。他们采用动物的皮毛来制作衣服，用植物的叶、草、皮和丝以及动物的蚕丝人工编织衣服。随着人类文明的相应进步，科学技术的迅猛发展，相继出现了人工针织制衣和机械制衣等先进方式。这些先进制衣方式的出现，大大地丰富了人类衣服的多样性、观赏性、合适性和选择性。人类衣服的出现不仅起到对身体的保护、保暖作用，还能逐渐降低身上起保暖作用的毛发生长，使人类的皮肤逐渐光润夺目。同时，还有蔽体、保护隐私、装饰、减少阳光的辐射等作用。而且也能增加人类美丽的色彩和造型，丰富了人类的文明生活。衣服的出现，对人类文明社会的发展有着其重要的现实意义。